万州区主要林业有害生物防治手册

WANZHOU QU ZHUYAO LINYE YOUHAI
SHENGWU FANGZHI SHOUCE

主 编 曹 剑 黄志伟
副主编 李少兵 刘 露 汪 东

中国地质大学出版社
ZHONGGUO DIZHI DAXUE CHUBANSHE

图书在版编目(CIP)数据

万州区主要林业有害生物防治手册/曹剑,黄志伟主编;李少兵,刘露,汪东副主编.—武汉:中国地质大学出版社,2023.9

ISBN 978-7-5625-5638-1

Ⅰ.①万… Ⅱ.①曹… ②黄… ③李… ④刘… ⑤汪… Ⅲ.①森林害虫-病虫害防治-万州区-手册 Ⅳ.①S763.3-62

中国国家版本馆 CIP 数据核字(2023)第 146357 号

万州区主要林业有害生物防治手册	曹 剑 黄志伟	主 编
	李少兵 刘 露 汪 东	副主编

责任编辑:杜筱娜	选题策划:杜筱娜	责任校对:张咏梅
出版发行:中国地质大学出版社(武汉市洪山区鲁磨路388号)		邮编:430074
电 话:(027)67883511	传 真:(027)67883580	E-mail:cbb@cug.edu.cn
经 销:全国新华书店		http://cugp.cug.edu.cn
开本:787毫米×1092毫米 1/16	字数:278千字	印张:11
版次:2023年9月第1版	印次:2023年9月第1次印刷	
印刷:武汉中远印务有限公司		
ISBN 978-7-5625-5638-1		定价:78.00元

如有印装质量问题请与印刷厂联系调换

《万州区主要林业有害生物防治手册》编委会

主　　编：曹　剑　黄志伟
副主编：李少兵　刘　露　汪　东
编　　委：（以姓氏笔画为序）
　　　　　丁廷发　王　东　王　强　邓燕红
　　　　　刘一丁　刘雨昆　许　彦　李冬雷
　　　　　李君成　陈吉裕　陈繁荣　柯　伟
　　　　　段渝萍　袁德枺　彭隆矗　覃贵勇

前　言

　　林业有害生物是全球性问题，大多数有害生物具有较强的繁殖能力、适应环境能力和扩散能力，占领和压缩本地物种的生存空间，造成本地物种濒危或灭绝，严重影响当地的生态环境，损害农、林、牧、渔业可持续发展和生物多样性。近年来，随着全球贸易、跨国旅游业等的快速发展，林业有害生物物种呈现出传入数量增多、传入频率加快、蔓延范围扩大、危害加剧、经济损失加重的趋势，我国已经成为世界上遭受林业有害生物威胁最大和损失最为严重的国家之一。松材线虫病、美国白蛾、豚草等危险性林业有害生物已经对我国森林、草原和湿地生态系统构成了严重威胁。

　　重庆市万州区地处长江三峡库区腹地，是建设长江上游生态屏障的主要区域。区内森林资源丰富，有林地、灌木林及未成林造林地面积267万亩（1亩≈666.67m²），森林覆盖率为47.04%。丰富的森林资源为各类生物的繁衍生息提供了绝佳的条件。然而，随着长江经济带城镇化的不断扩展、产业的迅猛发展、航运港口的不断升级，林业有害生物的入侵与扩散概率不断增加。2001年以来，先后发现松材线虫、红火蚁等有害生物入侵万州区，对万州区林业造成了重大损失。因此，开展外来入侵物种普查，摸清其种类、数量、分布范围、危害状况，建立完善的物种信息库，为精准防控提供重要的基础数据，对有效遏制万州区重大危险入侵物种入侵与扩散、保护生物及生态安全具有重要意义。

　　2015年1月至2017年5月，重庆市万州区森林病虫防治检疫站协同重庆三峡职业学院开展了重庆市万州区第三次全国林业有害生物普查工作，完成踏查线路54条，设置踏查点5308个，标准地748个，共发现林业有害生物种类184种，包括虫害142种，病原微生物39种，有害植物2种，线虫1种；全区林业有害生物发生累计面积1.7万hm²，其中成灾面积467hm²。2022年4月，万州区森林、草原、湿地生态系统外来入侵物种普查工作启动，历时1年多，国家规定的44种调查对象在万州区发现了接近30种，且分布范围十分广泛。两次普查工作基本摸清了万州区林业有害生物的主要种类和分布范围，掌握了危险性有害生物的发生情况和潜在风险，确定了未来有害生物的防治重点，为林业有害生物防治提供了重要的基础数据和技术保障。

本书是在总结上述成果的基础上，认真归纳区域及周边 20 余年科研、生产应用成果，广泛收集国内外与有害生物有关的科技文献资料，几经讨论、修改而成。本书共收集了害虫类、害螨类等 200 余种常见的林业有害生物。全书理论与实践并重，操作性强，图文并茂，内容丰富，区域特征明显，是第一部描述三峡库区林业有害生物防控的学术专著。书中出现的多种有害生物有些是首次在库区发现的分布种，有些是新种，特色鲜明地展示了区域林业有害生物防控工作的调查成果和水平，真实地反映了三峡库区有害生物的发生规律。

本书具有较强的实用价值。作为三峡库区第一部林业有害生物防控专著，对川滇渝三峡库区林业有害生物防控具有非常强的指导和实践价值，对川滇渝相关区域也有较强的借鉴意义，对广大基层林业工作者提升专业水平、深挖科研潜力具有较好的推动作用。

本书在编写过程中，得到了重庆市森林病虫防治检疫站、重庆市万州区林业局、重庆市万州区森林病虫防治检疫站和重庆三峡职业学院的大力支持与协助。感谢四川农业大学、浙江农林大学相关领导、专家提出的许多宝贵意见和建议。在此，对普查工作给予支持和帮助的领导、专家及参与项目实施过程的全体人员一并致以衷心的谢意。

由于编者水平有限，内容和取材若有不当之处，恳请读者批评指正。

编者

2023 年 4 月

目 录

一、害虫类 ··· (1)
  (一)半翅目 ··· (1)
    1. 蝽科 ··· (1)
      (1)麻皮蝽 *Erthesina fullo*（Thunberg）·· (1)
      (2)赤条蝽 *Graphosoma rubrolineata*（Westwood）·· (2)
      (3)绿岱蝽 *Dalpada srnaragdina*（Walker）··· (3)
      (4)尼泊尔宽盾蝽 *Poecilocoris nepalensis*（Herrich & Schaffer）······················ (3)
      (5)硕蝽 *Eurostus validus* Dallas ·· (3)
    2. 红蝽科 ··· (4)
      (6)四斑红蝽 *Physopelta quadriguttata* Bergroth ··· (4)
    3. 网蝽科 ··· (4)
      (7)梨冠网蝽 *Stephanitis nashi* Esaki et Takeya ··· (4)
      (8)樟脊冠网蝽 *Stephanitis macaona* Drake ··· (5)
      (9)膜肩网蝽(柳膜肩网蝽) *Metasalis populi*（Takeya）··································· (5)
      (10)杜鹃冠网蝽 *Stephanitis pyriodes*（Scott）·· (6)
    4. 缘蝽科 ··· (7)
      (11)山竹缘蝽 *Notobitus montanus* Hsiao ·· (7)
      (12)月肩奇缘蝽 *Derepteryx lunata*（Distant）·· (8)
      (13)瘤缘蝽 *Acanthocoris scaber*（Linnaeus）··· (8)
    5. 长蝽科 ··· (9)
      (14)红脊长蝽 *Tropidothorax elegans*（Distant）··· (9)
  (二)虫脩目 ··· (9)
    虫脩科 ··· (9)
      (15)断沟短肛虫脩 *Baculum intersulcatum* Chen et He ·································· (9)

(三)等翅目 ··· (10)

 白蚁科 ·· (10)

  (16)黑翅土白蚁 *Odontotermes formosanus* (Shiraki) ································· (10)

(四)鳞翅目 ··· (12)

 1. 蚕蛾科 ··· (12)

  (17)野蚕蛾 *Bombyx mandarina* Moore ··· (12)

 2. 大蚕蛾科 ··· (13)

  (18)银杏大蚕蛾 *Dictyoploca japonica* Moore ·· (13)

  (19)长尾大蚕蛾 *Actias dubernardi* (Oberthfir) ·· (13)

 3. 天蚕蛾科 ··· (14)

  (20)王氏樗蚕 *Samia wangi* ··· (14)

 4. 天蛾科 ··· (15)

  (21)枣桃六点天蛾 *Marumba gaschkewitschi* (Bremer et Grey) ··················· (15)

  (22)雀斜纹天蛾(雀纹天蛾) *Theretra japonica* (Orza) ································ (15)

  (23)豆天蛾 *Clanis bilineata tsingtauica* Mell ·· (16)

  (24)华中白肩天蛾 *Rhagastis mongoliana centrosinaria* Chu et Wang ········· (16)

  (25)缺角天蛾 *Acosmeryx castanea* Rothschild et Jordan ··························· (16)

  (26)葡萄天蛾 *Ampelophaga rubiginosa* Bremer et Grey ···························· (17)

  (27)紫光盾天蛾 *Phyllosphingia dissimilis sinensis* Jordan ························ (18)

  (28)木蜂天蛾 *Sataspes tagalica tagalica* Boisduval ·································· (18)

  (29)日本鹰翅天蛾 *Ambulyx japonica* Rothschild ······································· (18)

 5. 箩纹蛾科 ··· (18)

  (30)枯球箩纹蛾 *Brahmophthalma wallichii* (Gray) ···································· (18)

 6. 枯叶蛾科 ··· (19)

  (31)马尾松毛虫 *Dendrolimus punctatus* (Walker) ······································ (19)

  (32)云南松毛虫 *Dendrolimus houi* Lajonquiere ··· (21)

  (33)思茅松毛虫 *Dendrolimus kikuchii* Matsumura ···································· (22)

  (34)黄褐天幕毛虫 *Malacosoma neustria testacea* Motachulsky ················· (23)

  (35)栗黄枯叶蛾(栎黄枯叶蛾) *Trabala vishnou gigantina* (Yang) ··············· (23)

  (36)橘褐枯叶蛾 *Gastropacha pardale sinensis* Tams ································ (25)

 7. 尺蛾科 ··· (25)

  (37)柿星尺蛾 *Percnia giraffata* (Guenee) ··· (25)

(38)巨豹纹尺蛾 *Obeidia gigantearia* ……………………………………… (26)
(39)中国虎尺蛾 *Xanthabraxas hemionata* (Guenee) ……………………… (26)
(40)赭尾尺蛾 *Ourapteryx aristidaria* Oberthur …………………………… (26)
(41)国槐尺蛾 *Semiothisa cinerearia* Bremer et Grey ……………………… (27)
(42)雪尾尺蛾 *Ourapteryx nivea* Butler ……………………………………… (27)
(43)丝棉木金星尺蛾 *Calospilos suspecta* Warren ………………………… (28)
8. 刺蛾科 ………………………………………………………………………………… (28)
(44)桑褐刺蛾 *Setora postornata* (Hampson) ……………………………… (28)
(45)黄刺蛾 *Monema flavescens* Walker …………………………………… (29)
(46)扁刺蛾 *Thosea sinensis* (Walker) ……………………………………… (30)
9. 带蛾科 ………………………………………………………………………………… (30)
(47)灰褐带蛾 *Palirisa chinensis* Rothsch …………………………………… (30)
10. 灯蛾科 ……………………………………………………………………………… (31)
(48)人纹污灯蛾 *Spilarctia subcarnea* (Walker) …………………………… (31)
(49)大丽灯蛾 *Aglaomorpha histrio* (Walker) ……………………………… (32)
11. 毒蛾科 ……………………………………………………………………………… (32)
(50)蜀柏毒蛾 *Parocneria orienta* Chao …………………………………… (32)
(51)肾毒蛾 *Cifuna locuples* Walker ………………………………………… (33)
12. 螟蛾科 ……………………………………………………………………………… (34)
(52)竹织叶野螟 *Algedonia coclesalis* Walker ……………………………… (34)
(53)绿翅绢野螟 *Diaphania angustalis* (Snellen) …………………………… (35)
(54)桃蛀野螟 *Conogethes punctiferalis* (Guenee) ………………………… (36)
13. 蓑蛾科 ……………………………………………………………………………… (36)
(55)大袋蛾 *Clania variegata* Snellen ……………………………………… (36)
14. 苔蛾科 ……………………………………………………………………………… (37)
(56)白黑华苔蛾 *Agylla ramelana* (Moore) ………………………………… (37)
15. 夜蛾科 ……………………………………………………………………………… (38)
(57)核桃豹夜蛾 *Sinna extrema* (Walker) ………………………………… (38)
(58)旋目夜蛾 *Spirama retorta* (Clerck) …………………………………… (39)
(59)中金翅夜蛾(中金弧夜蛾) *Diachrysia intermixta* Warren …………… (39)
(60)月牙巾夜蛾 *Dysgonia analis* (Guenbe) ……………………………… (39)
(61)鹿裳夜蛾 *Catocala proxeneta* Alpheraky ……………………………… (40)

（62）白肾裳夜蛾 *Catocala agitatrix* Graeser ……………………………（40）
　16. 舟蛾科 ……………………………………………………………………（40）
　　（63）栎黄掌舟蛾（栎掌舟蛾）*Phalera assimilis* (Bremer et Grey) ……（40）
　　（64）钩翅舟蛾 *Gangarides dharma* Moore ………………………………（41）
　　（65）大新二尾舟蛾 *Neocerura wisei* (Swinhoe) ………………………（41）
　17. 粉蝶科 ……………………………………………………………………（42）
　　（66）钩粉蝶 *Gonepteryx rhamni* (Linnaeus) ……………………………（42）
　18. 凤蝶科 ……………………………………………………………………（43）
　　（67）柑橘凤蝶 *Papilio xuthus* Linnaeus …………………………………（43）
　　（68）金凤蝶 *Papilio machaon* Linnaeus …………………………………（43）
　　（69）青凤蝶 *Graphium sarpedon* (Linnaeus) ……………………………（44）
　　（70）灰绒麝凤蝶 *Byasa mencius* (Felder et Felder) ……………………（45）
　　（71）蓝凤蝶 *Papilio protenor* Cramer ……………………………………（45）
　　（72）黎氏青凤蝶 *Graphium leechi* (Rothschild) ………………………（46）
　　（73）巴黎翠凤蝶 *Papilio paris* Linnaeus …………………………………（46）
　　（74）玉带凤蝶 *Papilio polytes* Linnaeus …………………………………（46）
　　（75）美凤蝶 *Papilio memnon* Linnaeus ……………………………………（47）
　19. 环蝶科 ……………………………………………………………………（48）
　　（76）箭环蝶 *Stichophthalma howqua* (Westwood) ………………………（48）
　20. 蛱蝶科 ……………………………………………………………………（49）
　　（77）大红蛱蝶 *Vanessa indica* (Herbst) …………………………………（49）
　　（78）嘉翠蛱蝶 *Euthalia kardama* (Moore) ………………………………（49）
　　（79）翠蓝眼蛱蝶 *Junonia orithya* (Linnaeus) …………………………（50）
　　（80）二尾蛱蝶 *Polyura narcaea* (Hewitson) ……………………………（50）
　　（81）斐豹蛱蝶 *Argyreus hyperbius* (Linnaeus) …………………………（51）
　　（82）柳紫闪蛱蝶 *Apatura ilia* (Denis et Schiffermüller) ……………（51）
　21. 珍蝶科 ……………………………………………………………………（52）
　　（83）苎麻珍蝶 *Acraea issoria* (Hubner) …………………………………（52）
（五）膜翅目 ……………………………………………………………………（52）
　1. 叶蜂科 ……………………………………………………………………（52）
　　（84）樟中索叶蜂（樟叶蜂）*Mesoneura rufonota* Rohwer ……………（52）

(85) 杨黄褐锉叶蜂（杨黑点叶蜂）*Pristiphora conjugata* (Dahlbom) ········· (53)

(86) 鞭角华扁叶蜂（鞭角扁叶蜂）*Chinolyda flagellicornis* (F. Smith) ········· (54)

2. 瘿蜂科 ················· (55)

(87) 栗瘿蜂（板栗瘿蜂）*Dryocosmus kuriphilus* Yasumatsu ········· (55)

(六) 鞘翅目 ················· (56)

1. 花萤科 ················· (56)

(88) 华丽花萤 *Themus imperialis* Schiner ········· (56)

2. 犀金龟科 ················· (56)

(89) 双叉犀金龟（独角仙）*Allomyrina dichotoma* (Linnaeus) ········· (56)

3. 丽金龟科 ················· (57)

(90) 铜绿异丽金龟 *Anomala corpulenta* Motschulsky ········· (57)

4. 卷叶象科 ················· (58)

(91) 棕长颈卷叶象 *Paratrachelophrous nodicornis* ········· (58)

5. 锹甲科 ················· (58)

(92) 扁锹甲 *Serrognathus titanus* (Saunders) ········· (58)

6. 鳃金龟科 ················· (58)

(93) 云斑鳃金龟 *Polyphylla albavicaria* Semenov ········· (58)

7. 天牛科 ················· (59)

(94) 松褐天牛 *Monochamus alternatus* Hope ········· (59)

(95) 星天牛 *Anoplophora chinensis* (Forster) ········· (60)

(96) 云斑白条天牛 *Batocera horsfieldi* (Hope) ········· (61)

(97) 桑天牛 *Apriona germari* (Hope) ········· (61)

(98) 光肩星天牛 *Anoplophora glabripennis* (Motschulsky) ········· (62)

(99) 瘤胸簇天牛 *Aristobia hispida* (Sauders) ········· (63)

(100) 楝星天牛 *Anoplophora horsfieidi* (Hope) ········· (64)

(101) 橙斑白条天牛 *Batocera davidis* Deyrolle ········· (64)

(102) 眼斑齿胫天牛 *Paraleprodera diophthalma* (Paseoe) ········· (64)

(103) 苎麻双脊天牛 *Paraglenea fortuoei* (Sauders) ········· (65)

(104) 黑角伞花天牛 *Corymbia succedanea* (Lewis, 1879) ········· (65)

8. 铁甲科 ················· (66)

(105) 狭叶掌铁甲 *Platypria alces* Cressitt ········· (66)

9. 伪叶甲科 ················· (66)

(106) 普通角伪叶甲（普通伪叶甲）*Cerogria popularis* Borchmann …………… (66)

10. 象虫科 ……………………………………………………………………………… (66)

(107) 松瘤象 *Hyposipalus gigas* Fabricius …………………………………… (66)

(108) 中国瘤象（中华瘤象）*Episomus chinensis* Faust …………………… (67)

11. 叶甲科 ……………………………………………………………………………… (68)

(109) 蓝尾迷萤叶甲 *Mimastra unicitarsis* Laboissiere …………………… (68)

(110) 核桃扁叶甲 *Gastrolina depressa* Baly …………………………… (69)

(111) 黄足黑守瓜 *Aulacophora lewisii* Baly …………………………… (70)

(112) 二纹柱萤叶甲 *Gallerucida bifasciata* Motschulsky …………… (70)

(113) 十星瓢萤叶甲 *Oides decempunctata* (Billberg) …………………… (71)

(七) 同翅目 ……………………………………………………………………………… (72)

1. 斑蚜科 ……………………………………………………………………………… (72)

(114) 竹蚜 *Astegopteryx bambusae* (Budkton) …………………………… (72)

2. 扁蚜科 ……………………………………………………………………………… (72)

(115) 居竹伪角蚜（竹茎扁蚜）*Pseudoregma bambusicola* (Takahashi) …… (72)

(116) 杭州新胸蚜 *Neothoracaphis hangzhouensis* Zhang ………………… (73)

3. 蚜科 ………………………………………………………………………………… (74)

(117) 洋槐蚜（刺槐蚜）*Aphis robiniae* Macchiati ……………………… (74)

4. 蝉科 ………………………………………………………………………………… (75)

(118) 蒙古寒蝉 *Meimuna mongolica* (Distant) ………………………… (75)

(119) 蚱蝉（黑蚱蝉）*Cryptotympana atrata* (Fabricius) ……………… (75)

(120) 蟪蛄 *Platypleura kaempferi* (Fabricius) ………………………… (76)

5. 广翅蜡蝉科 ………………………………………………………………………… (76)

(121) 柿广翅蜡蝉 *Ricania sublimbata* Jacobi …………………………… (76)

6. 扁蜡蝉科 …………………………………………………………………………… (78)

(122) 斑衣蜡蝉 *Lycorma delicatula* (White) …………………………… (78)

7. 叶蝉科 ……………………………………………………………………………… (78)

(123) 小绿叶蝉 *Empoasca flavescens* (Fabricius) ……………………… (78)

(124) 橙带突额叶蝉 *Gunungidia aurantii fasciata* (Jacobi) …………… (79)

(125) 琼凹大叶蝉 *Bothrogonia qiongana* (Yang et Li) ………………… (79)

8. 沫蝉科 ……………………………………………………………………………… (79)

(126) 橘红丽沫蝉 *Cosmoscarta mandarina* Distant ……………………… (79)

9. 盾蚧科 ·· (80)
　　(127)考氏白盾蚧 *Pseudaulacaspis cockerelli*（Cnoley）································ (80)
　　(128)矢尖盾蚧 *Unaspis yanonensis*（Kuwana）··· (81)
　　(129)柏蛎盾蚧 *Lepidosaphes capressi* Borchaeniua ······································ (82)
10. 粉虱科 ··· (83)
　　(130)黑刺粉虱 *Aleurocanthus spiniferus* Quaintance ····································· (83)
11. 个目虱科 ··· (83)
　　(131)小叶榕木虱 *Macrohomotoma gladiatean* Kuwayama ··························· (83)
12. 木虱科 ··· (84)
　　(132)龙眼角颊木虱 *Cornegenapsylla sinica* Yang et Li ································ (84)
13. 蜡蚧科 ··· (86)
　　(133)红蜡蚧 *Ceroplastes rubens* Maskell ·· (86)
14. 绒蚧科 ··· (86)
　　(134)紫薇绒蚧 *Eriococcus lagerostroemiae* Kuwana ···································· (86)
15. 珠蚧科 ··· (87)
　　(135)中华松针蚧 *Matsucoccus sinensis* Chen ·· (87)

二、害螨类 ·· (89)
　真螨目 ·· (89)
　　瘿螨科 ··· (89)
　　　(136)枫杨瘿螨 *Aceria pterocaryae* Kuang & Gong ·································· (89)
　　　(137)柳刺皮瘿螨 *Aculops niphocladae* Keifer ·· (90)
　　　(138)悬钩上瘿螨(悬钩子瘿螨)*Epitrimerus rubus* sp. Nov. ····················· (90)

三、病　害 ·· (91)
　(一)真菌病害 ·· (91)
　　(139)花椒锈病 ··· (91)
　　(140)梨锈病 ·· (91)
　　(141)杨树锈病 ··· (92)
　　(142)竹叶锈病 ··· (93)
　　(143)楤木锈病 ··· (93)
　　(144)松针锈病 ··· (93)
　　(145)松瘤锈病 ··· (94)
　　(146)银杏叶斑病 ·· (95)

(147)枇杷叶斑病 …………………………………………………… (95)
(148)油桐黑斑病 …………………………………………………… (96)
(149)刺槐叶斑病 …………………………………………………… (97)
(150)大叶黄杨白粉病 ……………………………………………… (97)
(151)槐树白粉病 …………………………………………………… (97)
(152)枫杨白粉病 …………………………………………………… (98)
(153)紫薇白粉病 …………………………………………………… (98)
(154)板栗白粉病 …………………………………………………… (99)
(155)李炭疽病 ……………………………………………………… (99)
(156)樟树炭疽病 …………………………………………………… (100)
(157)小叶榕炭疽病 ………………………………………………… (101)
(158)杉木炭疽病 …………………………………………………… (101)
(159)茶炭疽病 ……………………………………………………… (102)
(160)杉木叶枯病 …………………………………………………… (102)
(161)侧柏叶枯病 …………………………………………………… (103)
(162)樟树煤污病(香樟煤污病) ………………………………… (103)
(163)慈竹煤污病 …………………………………………………… (104)
(164)马尾松赤枯病 ………………………………………………… (104)
(165)柳杉赤枯病 …………………………………………………… (105)
(166)桃缩叶病 ……………………………………………………… (106)
(167)杏疔病 ………………………………………………………… (106)
(168)油茶茶苞病 …………………………………………………… (107)
(169)枫香角斑病 …………………………………………………… (108)
(170)阔叶树毛毡病 ………………………………………………… (109)
(171)阔叶树藻斑病 ………………………………………………… (109)

(二)类菌原体类病害 …………………………………………………… (110)
  (172)泡桐丛枝病 …………………………………………………… (110)
  (173)竹丛枝病 ……………………………………………………… (111)

四、入侵物种 …………………………………………………………………… (112)
(一)入侵昆虫 …………………………………………………………… (112)
  (174)悬铃木方翅网蝽 *Corythucha ciliata*（Say） …………… (112)

（175）桉树枝瘿姬小蜂 *Leptocybe invasa* ……………………………………（113）
　　（176）红火蚁 *Solenopsis invicta* Buren ……………………………………（114）
　　（177）刺槐叶瘿蚊 *Obolodiplosis robiniae* …………………………………（115）
（二）入侵植物病害 …………………………………………………………………（116）
　　（178）松材线虫病 ………………………………………………………………（116）
　　（179）猕猴桃细菌性溃疡病 ……………………………………………………（117）
（三）入侵植物 ………………………………………………………………………（118）
　1. 旋花科 Convolvulaceae ………………………………………………………（118）
　　（180）葛藤　*Pueraria lobata*（Willd.）Ohwi ……………………………（118）
　　（181）金灯藤 *Cuscuta japonica* Choisy ……………………………………（119）
　2. 菊科 Asteraceae ………………………………………………………………（120）
　　（182）小蓬草 *Erigeron canadensis* L. ……………………………………（120）
　　（183）一年蓬 *Erigeron annuus*（L.）Pers. ………………………………（120）
　　（184）香丝草 *Erigeron bonariensis* L. ……………………………………（121）
　　（185）藿香蓟 *Ageratum conyzoides* L. ……………………………………（122）
　　（186）钻叶紫菀 *Symphyotrichum subulatum*（Michx.）G. L. Nesom （122）
　　（187）牛膝菊 *Galinsoga parviflora* Cav. …………………………………（123）
　　（188）加拿大一枝黄花 *Solidago canadensis* L. ……………………………（123）
　3. 玄参科 Scrophulariaceae ……………………………………………………（124）
　　（189）阿拉伯婆婆纳 *Veronica persica* Poir. ………………………………（124）
　4. 豆科 Fabaceae …………………………………………………………………（125）
　　（190）银合欢 *Leucaena leucocephala*（Lam.）de Wit ……………………（125）
　5. 禾本科 Poaceae …………………………………………………………………（126）
　　（191）毒麦 *Lolium temulentum* L. …………………………………………（126）
　6. 落葵科 Basellaceae ……………………………………………………………（126）
　　（192）落葵薯 *Anredera cordifolia*（Tenore）Steenis ……………………（126）
　7. 马鞭草科 Verbenaceae …………………………………………………………（127）
　　（193）马缨丹 *Lantana camara* L. ……………………………………………（127）
　8. 茄科 Solanaceae ………………………………………………………………（127）
　　（194）喀西茄 *Solanum aculeatissimum* Jacquin ……………………………（127）
　9. 伞形科 Apiaceae ………………………………………………………………（128）

(195)野胡萝卜 *Daucus carota* L. ……………………………………………… (128)

　10. 商陆科 Phytolaccaceae ……………………………………………………… (128)

　　(196)垂序商陆 *Phytolacca Americana* L. ………………………………… (128)

　11. 天南星科 Araceae …………………………………………………………… (129)

　　(197)大薸 *Pistia stratiotes* L. ……………………………………………… (129)

　12. 苋科 Amaranthaceae ………………………………………………………… (129)

　　(198)喜旱莲子草 *Alternanthera philoxeroides* (Mart.) Griseb. ………… (129)

　　(199)长芒苋 *Amaranthus palmeri* S. Watson …………………………… (130)

　　(200)土荆芥 *Dysphania ambrosioides* (Linnaeus) Mosyakin & Clemants … (131)

　13. 小二仙草科 Haloragaceae …………………………………………………… (131)

　　(201)粉绿狐尾藻 *Myriophyllum aquaticum* (Vell.) Verdc. ……………… (131)

　14. 雨久花科 Pontederiaceae …………………………………………………… (131)

　　(202)凤眼莲 *Eichhornia crassipes* (Mart.) Solme ……………………… (131)

　15. 酢浆草科 Oxalidaceae ……………………………………………………… (132)

　　(203)红花酢浆草 *Oxalis corymbosa* DC. ………………………………… (132)

(四)入侵软体动物 …………………………………………………………………… (133)

　　(204)福寿螺 *Pomacea canaliculata* ………………………………………… (133)

附　录 ………………………………………………………………………………… (135)

一、害虫类

(一)半翅目

1. 蝽科

(1) 麻皮蝽 *Erthesina fullo* (Thunberg)

【寄主植物】苹果、李、山杨、柳属等。

【分布区域】牌楼街道、双河口街道、龙都街道、周家坝街道、小周镇、大周镇、新乡镇、孙家镇、高峰镇、龙沙镇、响水镇、武陵镇、瀼渡镇、甘宁镇、天城镇、熊家镇、高梁镇、李河镇、分水镇、余家镇、后山镇、弹子镇、长岭镇、新田镇、白羊镇、龙驹镇、走马镇、罗田镇、太龙镇、长滩镇、太安镇、白土镇、郭村镇、柱山乡、铁峰乡、溪口乡、长坪乡、燕山乡、梨树乡、普子乡、地宝土家族乡、恒合土家族乡、黄柏乡、九池乡、茨竹乡、铁峰山林场、分水林场、新田林场、龙驹林场。

【主要形态特征】成虫体长20.0~25.0mm,宽10.0~11.5mm。体黑褐,密布黑色刻点及细碎不规则黄斑。头部狭长,侧叶与中叶末端约等长,侧叶末端狭尖。触角5节黑色,第1节短而粗大,第5节基部1/3为浅黄色。喙浅黄色4节,末节黑色,达第3腹节后缘。头部前端至小盾片有1条黄色细中纵线。前胸背板前缘及前侧缘具黄色窄边。胸部腹板黄白色,密布黑色刻点。各腿节基部2/3浅黄色,两侧及端部黑褐色,各胫节黑色,中段具淡绿色环斑,腹部侧接缘各节中间具小黄斑,腹面黄白,节间黑色,两侧散生黑色刻点,气门黑色,腹面中央具1纵沟,长达第5腹节。

卵灰白,竖立,近球形,顶端有盖,周缘具刺毛。若虫各龄均扁洋梨形,前尖削后浑圆,老龄体长约19mm,似成虫,自头端至小盾片具一黄红色细中纵线。体侧缘具淡黄狭边。腹部3~6节的节间中央各具1块黑褐色隆起斑,斑块周缘淡黄色,上具橙黄或红色臭腺孔各1对。腹侧缘各节有1黑褐色斑。喙黑褐,伸达第3腹节后缘。

【发生规律】1年发生1~2代,均以成虫在枯枝落叶下、草丛中、树皮裂缝、梯田堰坝缝、围墙缝等处越冬。次春寄主萌芽后开始出蛰活动为害。5月中、下旬开始交尾产卵,6月上旬为产卵盛期,此时可见到若虫,7—8月间羽化为成虫。越冬成虫3月下旬开始出现,4月下旬至7月中旬产卵,第1代若虫5月上旬至7月下旬孵化,6月下旬至8月中旬初羽化;第2代7月下旬初至9月上旬孵化,8月底至10月中旬羽化。均危害至秋末陆续越冬。

成虫飞翔力强,喜于树体上部栖息为害,交配多在上午,长达3h。具假死性,受惊扰时会喷射臭液,但早晚低温时常假死坠地,正午高温时则逃飞。有弱趋光性和群集性,初龄若虫常群集于叶背,2、3龄才分散活动,卵多成块产于叶背,每块约12粒。

【防治措施】

①人工物理防治。摘除蝽科害虫的卵块,捕捉、杀灭群集的初孵若虫;在成、若虫危害期,利用假死性,在早晚进行人工振树捕杀,尤其在成虫产卵前振落捕杀,效果更好。秋冬季对树皮较粗糙的植株茎干涂白。

② 生物防治。保护和利用天敌,如寄生蜂、草蛉、蜘蛛等。

③ 药剂防治。在成、若虫发生盛期可喷43%新百灵乳油1500倍液,拟除虫菊酯类乳油1000~2000倍液,或5%抑太保乳油2000倍液;其他药剂有10%吡虫啉可湿性粉剂、25%广克威乳油等。

(2)赤条蝽 *Graphosoma rubrolineata*(Westwood)

【寄主植物】榆属、栎属等。

【分布区域】白羊镇。

【主要形态特征】成虫长椭圆形,体长10~12mm,宽约7mm,体表粗糙,有密集刻点。全体红褐色,其上有黑色条纹,纵贯全长。头部有2条黑纹。触角5节,棕黑色,基部2节红黄色,喙黑色,基部隆起。前胸背板较宽大,两侧中间向外突,略似菱形,后缘平直,其上有6条黑色纵纹,两侧的2条黑纹靠近边缘。小盾片宽大,呈盾状,前缘平直,其上有4条黑纹,黑纹向后方略变细,两侧的2条位于小盾片边缘。体侧缘每节具黑橙相间斑纹。体腹面黄褐色或橙红色,其上散生许多大黑斑。足黑色,其上有黄褐色斑纹。

卵长约1mm,桶形,初期乳白色,后变浅黄褐色,卵壳上被白色绒毛。末龄若虫体长8~10mm,体红褐色,其上有纵条纹,外形似成虫,无翅,仅有翅芽,翅芽达腹部第3节,侧缘黑色,各节有橙红色斑。成虫及若虫的臭腺发达,遇敌时即放出臭气。

【发生规律】成虫在田间枯枝落叶、杂草丛中、石块下、土缝里越冬。4月中下旬越冬成虫开始活动,5月上旬至7月下旬成虫交配并产卵,6月上旬至8月中旬越冬成虫陆续死亡。若虫于5月中旬至8月上旬出现,6月下旬成虫开始羽化出来,在寄主上为害,8月下旬至10月中旬陆续进入越冬状态。成虫白天活动,多产卵于叶片和嫩荚上,卵成块,一般排列2行,每块卵约10粒。初孵若虫群集在卵壳附近,2龄以后分散。若虫共5龄。卵期9~13天,若虫期约40天,成虫期300天左右。

【防治措施】同麻皮蝽。

(3)绿岱蝽 *Dalpada srnaragdina* (Walker)

【寄主植物】柳属、梨属、橘。

【分布区域】武陵镇。

【主要形态特征】体长15~20mm,宽7~10mm。暗绿色,刻点同体色。头侧叶与中叶等长,侧缘近端呈角状突出;触角暗棕色,基节及第4、5节基部橙红,前胸背板前半中纵线、前缘及前侧缘浅橙黄色,胝区周缘光滑。

前侧缘基半锯齿状,侧角黑色,结节状,上翘,末端圆钝,顶端暗棕色。小盾片基缘横列的4~5个小斑及末端均浅橙黄色。前翅膜片烟灰色,脉纹淡褐色,长过腹末,侧接缘同体色,外缘具浅橙黄色狭边。足黄色、黄褐色或红褐色,腿节散生褐色小斑点。腹部腹面淡黄褐色,各节侧缘具金绿色宽带,外缘淡黄色。

【发生规律】不详。

【防治措施】生产上一般不做防治。

(4)尼泊尔宽盾蝽 *Poecilocoris nepalensis* (Herrich & Schaffer)

【寄主植物】朴树、油茶等。

【分布区域】分水林场。

【主要形态特征】体长16~21mm,宽9.5~12mm。橙红色至红褐色,具金属闪光。头蓝黑色,中叶长于侧叶,触角蓝黑色。前胸背板前缘区具蓝黑色宽阔的横带,后部有2个黑色大圆斑;前侧缘几平直,边缘稍翘,光滑。小盾片有11个大小不等的黑斑,由基至端排列成3、2、4、2,其中以第3排中央2个最大,第4排2个最小或消失。前翅革质部基部外露,蓝黑色。足蓝黑色。腹部腹面中部同体色,其余部分黑色。

【发生规律】1年发生1代,以末龄幼虫在落叶下或土缝中越冬。雌虫产百来个卵,卵桶状,连成排或成串。有的雌虫会守候在卵或初孵幼虫旁。

【防治措施】生产上一般不做防治。

(5)硕蝽 *Eurostus validus* Dallas

【寄主植物】青冈、板栗、白栎、苦槠、麻栎、梨树、梧桐、油桐、乌桕等。

【分布区域】新田镇、燕山乡、梨树乡。

【主要形态特征】成虫体长25~34mm,宽11.5~17mm。椭圆形,大型。酱褐色,具金属光泽。头和前胸背板前半、小盾片两侧及侧接缘大部均为近绿色,小盾片上有较强的皱纹。侧接缘各节最基部淡褐色。腹下近绿色或紫铜色。触角基部3节黑。足同体色。第1腹节背面近前缘处有对发音器,梨形,由硬骨片与相连接的膜组成,通过鼓膜振动能发出"叽、叽"的声音,用来驱敌和寻偶。

【发生规律】各地1年均发生1代,共5龄。以4龄若虫在寄主植物附近的杂草丛蛰伏过冬,翌年5月间活动。若虫期蜕皮4次。

【防治措施】生产上一般不做防治。

2. 红蝽科

(6) 四斑红蝽 *Physopelta quadriguttata* Bergroth

【寄主植物】十字花科、藜属等。

【分布区域】长岭镇。

【主要形态特征】体长 12~15.5mm，宽 3.5~4.5mm。长椭圆形。体背面浅棕红色，腹面棕色，密被短细毛。头部棕色。触角黑色。前胸背板前叶部分隆起，后叶刻点清楚，褐色。小盾片刻点亦较粗大。翅前缘光滑，革片中部刻点较细，具1个黑色圆斑，近顶角处亦有1个较小黑色圆斑。膜片浅棕色，半透明。腹部第3~5节腹面两侧新月形黑色。足棕色或棕褐色。

【发生规律】3月天气转温暖后，成熟的红蝽会离开它们在地面上过冬的营地，并且为4月和5月的交配期作准备。成虫对湿度具有较大的耐受性。

【防治措施】生产上一般不做防治。

3. 网蝽科

(7) 梨冠网蝽 *Stephanitis nashi* Esaki et Takeya

【寄主植物】扶桑、木瓜、栀子花、紫藤、月季、梅花、樱花、含笑、桃树、茶花、茉莉、海棠、杜鹃、蜡梅、杨树等。

【分布区域】双河口街道、钟鼓楼街道、铁峰乡、燕山乡、铁峰山林场。

【主要形态特征】成虫体长 3~3.5mm，扁平，暗褐色。头小，复眼暗黑，触角丝状，翅上布满网状纹；前胸背板向后延伸成三角形，盖住中胸，两侧向外突出呈翼片状，具褐色细网纹。前翅略呈长方形，具黑褐色斑纹，静止时两翅叠起，黑褐色斑纹呈"X"状。虫体胸腹面黑褐色，有白粉。腹部金黄色，有黑色斑纹。足黄褐色。卵长椭圆形，长 0.6mm，稍弯，初淡绿色后淡黄色。若虫暗褐色，身体扁平。体缘具黄褐色的刺状突起。

【发生规律】各地均以成虫在落叶、杂草、树皮缝和树下土块缝隙内越冬，梨树展叶时开始活动，产卵于叶背面叶脉两侧的组织内。若虫孵化后群集在叶背面主脉两侧为害。成虫出蛰很不整齐，造成世代重叠。到10月中下旬，成虫开始寻找适宜场所越冬。

【防治措施】

①人工捕杀。内吸性药剂于树冠喷杀成虫及幼虫，也可以使用触杀剂喷杀。清除落叶、杂草，刮除枝干粗翘皮，集中烧毁，可消灭部分越冬虫口。植寄主的地方，夏季要适当地遮阴，适当喷水，可以减轻其危害；加强管理工作，提高寄主植物的抗性和补偿能力，抑制害虫发生。9月在树干上绑扎草把，诱集成虫潜伏越冬并于早春集中烧毁；冬季树干涂白，以减少越冬成虫数量；保护利用天敌。

②药物防治。4月中旬至5月上旬为越冬成虫活动期,可在此期间对其进行防治。可选用80%的敌敌畏1000倍液。5月中旬及时检查叶片上的虫情,当叶背面已经有梨网蝽若虫群集,并出现少数白色初羽化的成虫时,表明第1代若虫已基本孵化,而成虫尚未产卵,此时防治效果最佳,可选用40%氧化乐果1000倍液,或50%马拉松1500倍液,或50%杀螟松乳油1000倍液或20%杀灭菊酯3000～4000倍液,或50%辛硫磷1000倍液喷雾。在生长季节,交替使用上述药剂连续防治,可以彻底消灭虫害。

(8)樟脊冠网蝽 Stephanitis macaona Drake

【寄主植物】香樟、猴樟等。

【分布区域】牌楼街道、双河口街道、周家坝街道、五桥街道、陈家坝街道、高梁镇。

【主要形态特征】成虫体长3.5～3.8mm,宽1.6～1.9mm,体扁平,椭圆形,茶褐色。头小,复眼黑色,单眼较大,触角稍长于身体,黄白色。头卵形网膜状,其前端较锐,盖没头;前胸背板后部平坦,褐色;密被白色蜡粉,侧背板白色网膜状,向上极度延展;中脊亦呈膜状隆起,延伸至三角突末端。三角突白色网状。前翅膜质网状,白色透明有光泽,前缘有许多颗粒状突起,中部稍凹陷,翅中部稍前和近末端各有1个褐色横斑,翅末端钝圆。足淡黄色,跗节浅褐色,臭腺孔开口于前胸侧板的前缘角上。胸部腹板中央有1个长方形薄片状的突环。雌虫腹末尖削,黑色;雌虫较钝,黑褐色。卵长0.32～0.36mm,宽0.17～0.20mm,茄形,初产时乳白色,后期淡黄色。若虫体长0.5～1.5mm,初孵时乳白色,椭圆形,取食后为淡黄色,腹背暗绿色,各足基节黑色,头部前端具长刺3枚,呈三角形排列。随着生长,腹部两侧缘的长刺变为枝刺,前翅芽达第2腹节前缘。前胸背板后缘中部稍向后延。延伸部分的中央两侧各具白色短刺1枚。翅芽达第3腹节中部。

【发生规律】1年发生3～4代,以卵在寄主的叶片组织内越冬,世代重叠明显。卵多产于叶背主叶脉第1脉两侧的组织内,卵散产,卵盖外露,上覆灰褐色胶质或褐色排泄物,每叶有卵多达80枚左右。翌年4月下旬孵化。6月第1代成虫出现。成、若虫性喜荫蔽,不甚活泼,主要群集于中下部叶片的叶背为害,被害叶正面呈浅黄白色小点或苍白色斑块,反面为褐色小点或锈色斑块。严重被害时,全株叶片苍白焦枯,无一幸免,对树势生长发育影响颇大,而对3m高左右的幼壮年树,为害更甚。9月下旬开始出现越冬卵,末代成虫见于11月中旬。9月底至11月中旬产卵过冬,12月上旬成虫全部死亡。

【防治措施】同梨冠网蝽。

(9)膜肩网蝽(柳膜肩网蝽)Metasalis populi (Takeya)

【寄主植物】杨、柳等。

【分布区域】双河口街道、周家坝街道、五桥街道。

【主要形态特征】成虫雌性体长约3.04mm,宽1.16mm左右;雄性体长约2.88mm,宽1.27mm左右。头红褐色,光滑,短面圆鼓;3枚头刺黄白色,被短毛,第4节端部黑褐色。头兜屋脊状,末端有2个深褐色斑,喙端末伸达中胸腹板中部。前胸背板浅黄褐色至黑褐色,遍布细刻点。3条纵脊灰黄色,等高。前翅长过腹部末端,黄白色,具深褐色"X"形斑;后翅白色。腹部腹面黑褐色,足黄褐色。

卵长椭圆形,略弯,长0.43~0.46mm,宽0.15~0.16mm,初产时乳白色,后变淡黄色,一端1/3处出现浅红色,数日后另一端便出现血红色丝状物,至孵化前变为红色。

4龄若虫体长2.17~2.18mm,宽1.14~1.16mm,头黑色。翅芽呈椭圆形,伸到腹背中部,基部和端部黑色,腹部黑斑横向和纵向断续分别分成3小块与尾须连接。

【发生规律】1年发生3~4代,以成虫在树洞、树皮缝隙间或枯枝落叶下越冬。翌年4月上旬恢复活动,上树危害。5月上旬产卵于叶片组织内,每孔产卵1粒,并排泄褐色黏液覆盖卵孔。5月中旬若虫孵化后刺吸叶背面组织。叶被害后背面呈白色斑点。第2代成虫出现于7月上旬,第3代成虫于8月上旬发生,第4代成虫于8月下旬出现,危害至11月陆续越冬。成虫喜阴暗,多聚居于树冠中、下部叶背。成虫寿命20~30天,若虫4龄。以成虫和若虫于叶背刺吸树液,使叶面产生成片白色斑点,叶背面有其黑色点状的排泄物。对植株的生长和园林景观都有一定的影响。

【防治措施】同梨冠网蝽。

(10)杜鹃冠网蝽 *Stephanitis pyriodes* (Scott)

【寄主植物】杜鹃花属。

【分布区域】双河口街道、百安坝街道。

【主要形态特征】成虫体小而扁平,长约3.4mm,宽约2.0mm,头小,棕褐色,复眼大而突;触角4节,第3节最长;前胸背板发达,有网状纹,向前延伸盖住头部,向后延伸盖住小盾片,两侧伸出呈薄圆片状的侧背片;翅膜质透明,翅脉暗褐色,前翅布满网状花纹,两前翅中间接合呈明显的"X"形花纹;雌虫腹部呈纺锤形;雄虫腹部细小,呈长卵形。卵乳白色,长约0.52mm,宽约0.18mm,呈香蕉形,顶端呈袋口状,末端稍弯。若虫共5龄,老熟若虫体扁平,长约1.96mm,宽约0.95mm,前胸发达,翅芽明显,体暗褐色,复眼发达,红色。头、胸、腹均生有刺状突起,头顶有3根,呈等腰三角形排列;复眼旁有1根,胸背有2对,腹部第2、4、5、7节背面各有1根。

【发生规律】1年发生7~10代,以成虫和若虫在枯枝落叶、杂草或根际表土中越冬。如果气候暖和,则越冬现象不明显,几乎全年都可见其为害。每年3月下旬越冬成虫和若虫开始活动,至4月中旬出现第1代若虫,6—9月发生量最大,为害最严重。卵期7~15天,若虫期16~23天,1个世代历期平均28~30天,世代重叠严重。刚孵化和蜕皮的若虫全身雪白,随后虫体颜色逐渐加深。若虫群集性强,常群集于叶背主、侧脉附近吸食为害。成虫刚羽化时为粉白色,2h后逐渐变为黑褐色,不善飞翔,羽化后2天即可交配产卵。卵多产于寄主叶背主脉旁的叶组织中,少数产于边脉及主脉上,外面覆盖有褐色胶状物。高温、干旱天气,最适宜该虫发生。

【防治措施】

①人工捕杀。因其具有群集性,又对人体没有毒性,故在盆栽杜鹃上发生少量害虫时,用

手捏杀。

②园林措施。圃地内的枯枝落叶、杂草都是其潜伏越冬的场所。秋末清扫落叶、及时中耕除草,可消灭大量越冬虫源;选择无害虫苗木栽植,也可减少害虫的发生。

③药剂防治。害虫发生严重时,药剂防治为一种快速、有效的方法。可用10%氯氰菊酯乳油1000倍液、40%氧化乐果乳油、50%杀螟松乳油2000倍液、2.5%功夫乳油2500～3000倍液、10%吡虫啉可湿性粉剂1500倍液喷洒,各种药剂要交替使用,防效良好。

④利用天敌。杜鹃冠网蝽的天敌有草蛉、蜘蛛、蚂蚁等,草蛉是其中的优势种,一株盆栽杜鹃上有4～5头草蛉,即可降低虫口密度,不需防治。因此,害虫发生时,要注意调查天敌的种类和数量,如果发现有草蛉等捕食性天敌,应少用或不用农药,保护天敌,控制虫害发生。

4. 缘蝽科

(11) 山竹缘蝽 *Notobitus montanus* Hsiao

【寄主植物】慈竹。

【分布区域】恒合土家族乡。

【主要形态特征】成虫体长20.5～22.5mm,宽5.5～6mm,黑褐色,被黄褐色细毛。触角第1节短于或等于头宽,第4节基半部呈红褐色或黄褐色,端半部色稍深。前胸背板中、后部色稍淡。后足腿节粗大,其顶端约2/5处有1个大刺,大刺前后各有数个小刺。腹部背面基半部红色,向端部渐呈黑色。侧接缘淡黄褐色,两端黑色。雄虫生殖节后缘中央突起狭窄,两侧突起宽阔,顶端圆形,距中央突起较近,由腹面看呈窄"山"字形。卵浅褐色,具黄铜光泽。椭圆形,长约1.8mm,宽约1.2mm。老熟若虫体长15～18mm,体略柔软,翅芽已明显,腹部背面第3、4节间和第4、5节间具臭腺孔,椭圆形,略突起。

【发生规律】1年发生1代,以成虫越冬。次年4月下旬,越冬成虫从石缝中爬出,飞到田边地旁残林的早发竹笋上集中为害,交尾以晴天10—16时最盛。雌雄成虫都可多次交尾。成虫交尾后飞往竹林,产卵于竹叶背面。极少产在竹秆或杂草上。卵粒与卵料呈"人"字形嵌合,组成"广"字形卵块。每块卵一般为20～30粒,也有少数卵散产。每个雌虫可产卵20～70粒。成虫补充营养和交尾产卵约经12天。雌虫产卵后2～3天爬入枯枝落叶松土中死去,也有少数还能取食为害达半月之久。成虫寿命为330～350天。卵期15～20天,孵化率高。

若虫于5月中旬出现。刚孵出的若虫粉红色,2～3h后变成灰黑色,集中在卵壳周围,3～5天后分散取食。经30～50天,若虫发育为成虫。个别发育早的成虫,经过一段时间取食,还可交尾产卵。卵可孵出若虫,但因缺乏营养及天敌捕食,一般不能发育为成虫。

成虫白天活动,晴天飞翔能力强;夜晚、清晨、雨天活动能力弱,遇到外界刺激只能爬行,不能起飞。7月,竹笋长成竹子,成虫陆续飞往干燥岩石上和山洞附近群集。晴天在岩石上爬行,遇到刺激,一哄起飞;傍晚,在集中地几米至几十米高的空中逆风飞翔,极为活跃。

【防治措施】

①零星发生不防治。成虫、若虫危害时,人工振落捕杀。

②成虫出蛰密度大,预计大面积发生时,可在成虫产卵期、若虫孵化期(最好若虫 3 龄前)喷洒 1.1％烟百素乳油 1000～1500 倍液、27％皂素烟碱溶剂 400 倍液、0.26％苦参碱水剂 500～1000 倍液、0.88％双素碱 400 倍液、3％除虫菊素乳油 900～1500 倍液、2％烟碱乳剂 900～1500 倍液、0.3％印楝素乳油 1000～2000 倍液等。

(12) 月肩奇缘蝽 *Derepteryx lunata*（Distant）

【寄主植物】樟、厚朴。

【分布区域】普子乡。

【主要形态特征】成虫体长 23～28mm,宽 10～13mm。暗褐色。触角基部 3 节暗褐色,第 4 节棕红色。前胸背板侧角极扩展,上翘,且呈半月形向前延伸,顶端尖,向前伸出于前胸背板前缘。小盾片顶端具黑色瘤状突。腹部侧接缘显著扩展,上翘。雄虫后足股节粗大,背面及内侧具黑色短刺突,胫节内侧超过中部处扩展呈角状;雌虫后足股节较细,近端部有 1 个三角形刺突,胫节无刺突。腹部腹面正常,气门周缘黄色。

【发生规律】不详。

【防治措施】生产上一般不做防治。

(13) 瘤缘蝽 *Acanthocoris scaber*（Linnaeus）

【寄主植物】园林苗木、马铃薯、番茄、茄子、蚕豆、瓜类、辣椒等农作物。牵牛,商陆。

【分布区域】高粱镇。

【主要形态特征】成虫体长 10.5～13.5mm,宽 4～5.1mm,褐色。触角具粗硬毛。前胸背板具显著的瘤突;侧接缘各节的基部棕黄色,膜片基部黑色,胫节近基端有一浅色环斑;后足股节膨大,内缘具小齿或短刺;喙达中足基节。卵初产时金黄色,后呈红褐色,底部平坦、呈长椭圆形,背部呈弓形隆起,卵壳表面光亮,细纹极不明显。初孵若虫头、胸、足与触角为粉红色,后变褐色,腹部青黄色;低龄若虫头、胸、腹及胸足腿节为乳白色,复眼红褐色,腹部背面有 2 个近圆形的褐色斑。高龄若虫与成虫相似,胸、腹部背面呈黑褐色,有白色绒毛,翅芽黑褐色,前胸背板及各足腿节有许多刺突,复眼红褐色,触角 4 节,第 3～4 腹节间及第 4～5 腹节间背面各有 1 近圆形斑。

【发生规律】在我国南方地区 1 年发生 1～2 代,以成虫在菜地周围土缝、砖缝、石块下及枯枝落叶中越冬。越冬成虫于 4 月中上旬开始活动,全年 6—10 月为害最烈。卵多聚集产于辣椒等寄主作物叶背,少数产于叶面或叶柄上,卵粒成行,稀疏排列,每块 4～50 粒,一般 15～30 粒。成、若虫常群集于辣椒等寄主作物嫩茎、叶柄、花梗上,整天均可吸食,发生严重时一棵辣椒上有几百头甚至上千头聚集为害。成虫白天活动,晴天中午尤为活跃,夜晚及雨天多栖息于辣椒等寄主作物叶背或枝条上,受惊后迅即坠落,有假死习性。

【防治措施】

①农业防治:通过合理施肥、合理设置种植密度、合理轮作,铲除菜地周围的杂草,冬季深翻等农业措施,创造不利于瘤缘蝽栖息的环境条件,减少危害。

②物理防治:采用人工捕捉,捏死高龄若虫或抹除低龄若虫及卵块。利用假死习性,在辣椒等寄主作物植株苑下放一块塑料薄膜或盛水的脸盆,摇动辣椒等寄主作物,成、若虫会迅速落下,然后集中杀死。

③化学防治:一般选择高效、低毒、低残留农药,在瘤缘蝽若虫孵化盛期施药,若世代重叠明显,间隔10天左右视虫情进行第二次施药,提倡农药轮用。

5. 长蝽科

(14) 红脊长蝽 *Tropidothorax elegans* (Distant)

【寄主植物】伞形科。

【分布区域】武陵镇。

【主要形态特征】体长10mm,红色,并具黑色大斑,被金黄色短毛。头黑、光滑、无刻点,小颊长、橘红色。喙黑,伸达后足基节。触角黑色,第2节与第4节等长。前胸背板梯形、侧缘直,仅后角处弯,侧缘及中脊隆起明显,呈红色,前后缘亦呈红色,其余部分黑色,有时胝沟后方黑色,胝沟前侧具1个黑色斑。小盾片黑色,基部平,端部隆起,纵脊明显。爪片黑色,端部红。革片红色,中部具不规则的大黑斑,此斑不达翅的前缘,膜片黑色,超过腹端,内角及外缘乳白色。体腹面红色,胸部各侧板黑色部分约占2/3,臭腺沟缘红色,耳状。腹部各节均具黑色大型中斑和侧斑,有时两斑相互连接成一大型横带,腹末端呈黑色。足黑色。

【发生规律】1年发生2代,以成虫在寄主附近的树洞或枯叶、石块和土块下面的穴洞中结团过冬。次年4月间开始活动。成虫和若虫均以萝藦、牛皮消、刺槐、花椒、洋槐、小麦及油菜为食。第1代若虫于5月底至6月中旬孵出,7—8月羽化产卵。第2代若虫于8月上旬至9月中旬孵出,9月中旬至11月中旬羽化,11月上中旬进入越冬。成虫怕强光,以上午10时前和下午5时后取食较盛。卵成堆产于土缝里、石块下或根际附近土表,一般每堆30余粒,最多达300粒。

【防治措施】生产上一般不做防治。

(二) 虫䗛目

虫䗛科

(15) 断沟短肛虫䗛 *Baculum intersulcatum* Chen et He

【寄主植物】麻栎、栓皮栎、构树、盐肤木、马桑、葛藤、洋槐、崖柏、梧桐、合欢、枫杨、漆树、桃树等50多种用材树及果树。

【分布区域】武陵镇。

【主要形态特征】雌虫体细长,88.3～98.5mm,暗绿色至褐色。头椭圆形,密被细颗粒,并散生短刚毛,头顶中央至后缘有1条纵沟,眼间稍后有1对角突,其后中央有2个近圆形的凹窝。触角间稍后有1对不规则凹陷。眼圆形,外突。腹部明显长于头、胸部之和。第1～6节背板中央有浅纵沟。以第3、4、5节背板最长,第2、6节次之,端部3节明显短缩,第8节最短,第7节长于第9节。第7、8节呈屋脊形。第9节背板后缘中央凹入呈三角形,背中央有纵沟。肛上板小,几乎与侧叶端部等长,有背中脊,端部略圆。第6节腹板后缘中突不明显。下生殖板舟形,后端较钝,不超过肛上板。尾须短,圆柱形,端部细,略短于下生殖板端部。3对胸足,有保护色或拟态现象。

【发生规律】1年发生1代,以卵在地下、杂草、枯枝落叶中越冬。越冬卵在3月下旬孵化即出现1龄若虫,若虫共7龄,若虫期77天。4月初为孵化盛期。6月下旬至9月中旬为成虫危害期。危害盛期在7月中旬至7月底,主要表现为食量增加。7月下旬至9月下旬为产卵期,雌虫产卵后一般不取食,第5天开始死亡,10天后基本自然死亡。雄虫在8月初开始死亡,9月上旬全部自然死亡。

【防治措施】

①生物防治。目前,主要利用病原微生物控制竹节虫的发生,施用绿僵菌防治,或者使用白僵菌进行防治,一般在春季末期和夏季放菌易感染和流行。

②加强预测预报工作。具有周期性暴发成灾的特点,应广泛建立测报点,搞好预测预报。

③做好营林措施。造林时应以混交林为主,建立一个适宜于林木生长且不利于害虫繁殖的森林生态环境。冬季深翻土壤,清除林内枯枝落叶,破坏其卵的越冬场所,降低卵的数量和卵的孵化率。

④物理防治。利用若虫和成虫的假死性,在虫口发生高峰期振动树体,将掉落地面的害虫集中统一焚烧。

⑤化学防治。由于断沟短肛虫䗛是一种典型林业害虫,常可施用胃毒、触杀或熏蒸剂防治。采用40%水胺硫磷2000倍液,50%甲胺磷1000倍液,80%敌敌畏乳油800倍液,2.5%敌杀死乳油与滑石粉按1∶100比例混匀配成杀虫粉剂,2.5%功夫乳油10 000倍液,2.5%溴氰菊酯乳油1200倍液喷雾,敌马烟剂或741烟剂加敌敌畏乳油,防效均可达90%以上。也可采用白僵菌混配溴氰菊酯防治,效果较好,防治效果超过90%。

(三)等翅目

白蚁科

(16)黑翅土白蚁 *Odontotermes formosanus* (Shiraki)

【寄主植物】马尾松、杉木、桉树、侧柏、枫杨、香樟、柳、桂花、樱花、梅花、桃花、广玉兰、红叶李、月季、栀子花、海棠、蔷薇、蜡梅、麻叶绣球、油茶、木荷等90余种植物。

【分布区域】双河口街道、五桥街道、陈家坝街道、小周镇、大周镇、新乡镇、孙家镇、高峰镇、龙沙镇、响水镇、武陵镇、瀼渡镇、甘宁镇、天城镇、熊家镇、高梁镇、李河镇、分水镇、余家镇、后山镇、弹子镇、长岭镇、新田镇、白羊镇、龙驹镇、走马镇、罗田镇、太龙镇、长滩镇、太安镇、白土镇、郭村镇、柱山乡、铁峰乡、溪口乡、长坪乡、燕山乡、梨树乡、普子乡、地宝土家族乡、恒合土家族乡、黄柏乡、九池乡、茨竹乡、铁峰山林场、分水林场、新田林场、龙驹林场。

【主要形态特征】有翅成虫体长12～14mm，翅展45～50mm，头、胸、腹背面黑褐色，腹面为棕黄色。翅黑褐色，全身覆盖浓密的毛，触角19节。前胸背板略狭于头，前宽后狭，前缘中央无明显缺刻，后缘中部向前凹入，前胸背板中央有1个淡色的"十"字形纹，纹的两侧前方各有1个椭圆形淡色点，纹的后方中央有带分支淡色点。前翅鳞大于后翅鳞。兵蚁体长5～6mm，头暗深黄色，被稀毛。胸腹部淡黄色至灰白色，有较密集毛。头部背面为卵形，长大于宽，最宽处在头中段，向前端略狭窄。上颚镰刀形，左上颚中点的前方有一显著的齿，右上颚内缘的相当部位有一微齿，极小不明显。工蚁体长4.6～5mm，头黄色，胸腹部灰白色。蚁王头呈淡红色，全身色泽较深，胸部残留翅鳞。蚁后无翅，腹部特别膨大。卵长椭圆形，白色。

【发生规律】营土居生活，主要以工蚁危害树皮及浅木质层，以及根部，造成被害树干外形呈大块蚁路，长势衰退。当侵入木质部后，则树干枯萎，尤其对幼苗，极易造成死亡。取食危害时做泥被和泥线，严重时泥被环绕整个干体周围而形成泥套，其特征很明显。

社会型昆虫，每巢内有蚁王、蚁后，以及为数众多的工蚁和兵蚁。蚁王、蚁后一般只有1对。蚁王、蚁后专司繁殖后代。有翅成虫一般称繁殖蚁，是巢群中除蚁王和蚁后外能进行生殖交配的个体，有翅繁殖蚁3月开始出现于巢内，在气温达到22℃以上，空气相对湿度达95%以上的闷热暴雨前夕、傍晚前后从羽化孔成群爬出，经外飞、脱翅，雌雄配对钻入土中建立新巢。工蚁数量最多，巢内一切工作，如筑巢、修路、抚育幼蚁、寻找食物等均由工蚁承担。当日平均气温达12℃时，工蚁开始离巢采食，工蚁在采食时，在食料上做泥被或泥线，如在树木上取食，泥被和泥线可由地面高达数米，有时泥被环绕整个树干，形成泥壳。兵蚁数量仅次于工蚁，为巢中的保卫者，保障蚁群不为其他昆虫入侵，每遇外敌，即以强大上颚进攻，并分泌一种黄褐色液体，以御外敌。

黑翅土白蚁的活动有强烈的季节性。取食活动的适宜温度范围为25～27℃，相对湿度在85%左右，而高温32℃以上和低湿70%以下均不利于黑翅土白蚁的取食活动，故在整个出土取食期中，4—5月和9—10月（尤其在4月中下旬和8月下旬至9月初）为全年2次外出取食危害高峰期。进入盛夏后，工蚁一般不外出活动。11月下旬开始转入地下活动，12月除少数工蚁或兵蚁仍在地下活动外，其余全部集中在主巢。次年3月初，出土危害。这时，刚出巢的白蚁活动力弱，泥被、泥线大多出现在蚁巢附近。4—5月形成第1个危害高峰期，被害较轻的幼树根和韧皮部被啃，树叶呈枯黄状，有时新造幼树树皮被吃光后，幼树渐枯死。

【防治措施】

①寻巢灭蚁。可以通过分析地形特征、危害状、地表气候、蚁路、群飞孔、鸡枞菌等判断白蚁巢位。确定蚁巢位置后，追挖时，先从泥被线或分群孔顺着蚁道追挖，便可找到主道和主巢。注意掌握挖蚁道要挖大不挖小，挖新不挖旧；对黑翅土白蚁要追进不追出，追多不追少。

②灯光诱杀。每年4—6月是有翅繁殖蚁的分群期,利用有翅繁殖蚁的趋光性,在蚁害地区可采用黑光灯或其他灯光诱杀。

③压烟捕杀。将压烟筒的出烟管插入主道,用泥封严道口,再把杀虫烟剂放入筒内点燃,扭紧上盖,烟便自然沿蚁道压入蚁巢,杀虫效果良好。

④对于比较容易找到的白蚁活动场所,如聚集在伐根内的黑翅土白蚁群,可将药液直接喷入,不必挖巢,即可达到全歼巢群的目的。林地防治常用的药剂有毒死蜱乳油、氟虫腈浓悬浮剂、氯氰菊酯乳油、溴氰菊酯乳油等。

(四)鳞翅目

1. 蚕蛾科

(17)野蚕蛾 *Bombyx mandarina* Moore

【寄主植物】扶桑、桑树、柞、榕、柘木、构树等。

【分布区域】龙沙镇。

【主要形态特征】成虫雌蛾体长20mm,翅展46mm,雄蛾小。全体灰褐色。触角呈暗褐色羽毛状。前翅上具深褐色斑纹,外缘顶角下方向内凹,翅面上具褐色横带2条,两带间具一深褐色新月纹。后翅棕褐色。卵长1.2mm,横径1mm,扁平椭圆形,初白黄色,后变灰白色。末龄幼虫体呈褐色,具斑纹。4龄体长40~65mm,头小,胸部第2、3节特膨大,第2胸节背面有1对黑纹,四周红色,第3胸节背面有2个深褐色圆纹,第2腹节背面具红褐色马蹄形纹2个,第5腹节背面有浅色圆点2个,第8腹节上有1尾角。茧灰白色,椭圆形。

【发生规律】成虫喜在白天羽化,羽化后不久即交尾产卵。卵喜产在枝条或树干上群集一起,3粒到百余粒,排列不整齐。每雌产卵数各代不一,最多228粒,最少118粒。雌蛾寿命2~8天,4代10~20天,雄蛾寿命很短。非越冬卵卵期8~10天,越冬卵卵期204天。幼虫多在6—9时孵化,低龄幼虫群集为害梢头嫩叶,成长幼虫分散为害.老熟幼虫在叶背或两叶间、叶柄基部、枝条分支处吐丝结茧化蛹。1代蛹期22天,2代12天,3代14天,4代45天。天敌有野蚕黑卵蜂、野蚕黑疣蜂、广大腿蜂等。

【防治措施】

①结合整枝,刮掉枝干上越冬卵,注意摘除枝条上非越冬卵,降低虫口基数。

②当各代低龄幼虫群集在嫩梢或梢头为害时,捕杀幼虫。

③注意摘除叶背或分杈处的茧。

④必要时可结合防治桑树上的其他害虫喷洒80%敌敌畏乳油1500倍液或90%晶体敌百虫1200倍液、25%爱卡士乳油1500倍液、48%毒死蜱(乐斯本)乳油1300倍液。

2. 大蚕蛾科

(18) 银杏大蚕蛾 *Dictyoploca japonica* Moore

【寄主植物】枫杨、胡桃、青冈、枫香、桤木、樟、柿树、喜树等。

【分布区域】孙家镇、武陵镇、天城镇、分水镇、龙驹镇、走马镇、梨树乡、普子乡、茨竹乡、分水林场、龙驹林场等地。

【主要形态特征】成虫体长25～60mm,翅展90～150mm,体灰褐色或紫褐色。雌蛾触角栉齿状,雄蛾羽状。前翅内横线紫褐色,外横线暗褐色,两线近后缘外会合,中间呈三角形浅色区,中室端部具月牙形透明斑。后翅从基部到外横线间具较宽红色区,亚缘线区橙黄色,缘线灰黄色,中室端处生1个大眼状斑,斑内侧具白纹。后翅臀角处有1个白色月牙形斑。卵长2.2mm左右,椭圆形,灰褐色,一端具黑色黑斑。末龄幼虫体长80～110mm。体黄绿色或青蓝色。背线黄绿色,亚背线浅黄色,气门上线青白色,气门线乳白色,气门下线、腹线处深绿色,各体节上具青白色长毛及突起的毛瘤,其上生黑褐色硬长毛。蛹长30～60mm。茧长60～80mm,黄褐色,网状。

【发生规律】1年发生1代,以卵越冬。翌年5月上旬越冬卵开始孵化,5—6月进入幼虫危害盛期,常把树上叶片食光,6月中旬至7月上旬于树冠下部枝叶间结茧化蛹,8月中下旬羽化、交配和产卵。卵多产在树干下部1～3m处及树杈处,数十粒至百余粒块产。天敌主要有赤眼蜂、黑卵蜂、绒茧蜂、螳螂、蚂蚁等。

【防治措施】

①人工防治。冬季人工摘除卵块;7月中、下旬人工捕杀老熟幼虫或人工采茧烧毁。

②灯光诱杀。成虫有较强趋光性,飞翔能力强,于8—9月雌蛾产卵前,用黑光灯诱杀成虫,效果良好。

③生物防治。银杏大蚕蛾的天敌有赤眼蜂、平腹小蜂等,在9月雌蛾产卵期,释放赤眼蜂,对防治银杏大蚕蛾有一定效果,赤眼蜂在大蚕蛾上的寄生率可达80%。

④化学防治。银杏大蚕蛾3龄前抵抗力弱,并有群集特点,在5月上旬喷洒2.5%溴氰菊酯2500倍液。幼虫期喷洒90%敌百虫1500～2000倍液,或鱼藤精800倍液,或25%杀虫双500倍液,防治效果均好。

(19) 长尾大蚕蛾 *Actias dubernardi* (Oberthfir)

【寄主植物】柳属、杨树、樟树、枫香、乌桕、板栗等。

【分布区域】分水林场、新田林场。

【主要形态特征】翅展90～120mm。雌、雄蛾色泽完全不同,雄蛾体橘红色,翅杏黄色为主,外缘有很宽的粉红色带;雌蛾体青白色,翅粉绿色为主;雌、雄蛾前翅中室带有眼状斑,后翅均有一对非常细长的尾突,且尾突都带有粉红色。体白色,触角黄褐色,前胸前缘紫红色,肩板后缘淡黄色;前翅粉绿色,外缘黄色;中室有1个眼纹,中央粉红色,内侧有较宽的波形黑纹,间杂有白色鳞毛,外侧有黄褐色轮廓;外线黄褐色,不明显。后翅后角的尾突延长呈飘带状,长达85mm;尾突橙红色,近端部黄绿色,外缘黄色,中室眼纹粉红色,不甚明显,外线不显著。

【发生规律】1年发生2代,成虫4—7月出现,以蛹在附着于枝条上的茧中过冬。成虫多在晚上羽化,羽化当晚交尾,次日开始产卵。卵产于枝干或叶背边缘上。

【防治措施】

①人工防治。通过科学管理,增强树势,提高林木综合抗虫力,是防止长尾大蚕蛾大量发生的最有效方法。也可在冬季清除落叶、杂草,并摘除树上虫茧,集中处理。在成虫盛期利用黑光灯诱蛾灭杀。

②生物防治。长尾大蚕蛾在幼虫成熟期,由于虫体大,目标明显,常被胡蜂、寄生蝇、姬蜂、赤眼蜂、鸟类或病毒等天敌危害,可对其天敌加以保护和利用。也可选用苏云金杆菌或青虫菌进行生物防治。

③药剂防治。当虫口密度高、对杨树林木危害严重时,可使用化学防治方法。根据该虫的发生特点和危害特点,以第1、2代幼龄幼虫为防治重点(包括刚出蛰越冬幼虫),有利降低下一代虫口基数。可用2.5%溴氰菊酯3000倍液、10%氯氰菊酯2000倍液、20%杀灭菊酯4000倍液、20%速灭杀丁5000倍液、20%除虫脲8000倍液、80%敌敌畏乳油1500倍液、90%晶体敌百虫800倍液等常规农药,均能取得良好的效果。

3. 天蚕蛾科

(20) 王氏樗蚕 *Samia wangi*

【寄主植物】核桃、石榴、柑橘、蓖麻、花椒、臭椿(樗)、乌桕、银杏、马桂木、喜树、白兰花、槐、柳等。

【分布区域】高梁镇、九池乡。

【主要形态特征】成虫翅长130～160mm,翅青褐色,前额顶角外突,端部顿圆,内侧下方有黑斑,斑的上方有白色闪形纹,内、外线均为白色,有黑边,外线外侧有紫色宽带,中室端有较大新月形半透明斑,后翅色斑与前翅相似。前翅的翅顶有蛇头图案,翅膀上的条纹比樗蚕蛾细。成虫口器退化,无法进食。

【发生规律】南方1年发生2～3代,以蛹越冬。越冬蛹于4月下旬开始羽化为成虫,成虫有趋光性,并有远距离飞行能力。羽化出的成虫当即进行交配。成虫寿命5～10天。卵产在寄主的叶背和叶面上,聚集成堆或成块状,每雌蛾产卵300粒左右,卵历期10～15天。初孵幼虫有群集习性,3～4龄后逐渐分散为害。在枝叶上由下而上,昼夜取食,并可迁移。第1代幼虫在5月为害,幼虫历期30天左右。第2代茧期为50多天,7月底到8月初是第1代成虫羽化产卵时间。9—11月为第2代幼虫为害期,以后陆续作茧化蛹越冬,第2代越冬茧,长达5～6个月,蛹藏于厚茧中。

【防治措施】生产上一般不做防治。

4.天蛾科

(21)枣桃六点天蛾 Marumba gaschkewitschi (Bremer et Grey)

【寄主植物】桃、枣、苹果、梨、杏、梅花、海棠、葡萄、紫薇、核桃和枇杷等树木。

【分布区域】恒合土家族乡。

【主要形态特征】成虫体长36～46mm,翅展82～120mm,体肥大,深褐色,头细小,触角栉齿状,米黄色,复眼紫黑色。前翅狭长,灰褐色,有暗色波状纹7条,后缘臀角处有2块紫黑色斑纹,由断续的4小块组成,前翅下面具紫红色长鳞毛。后翅近三角形,上有红色长毛,后缘臀角处有2块紫黑色斑纹。腹部灰褐色,腹背中央有一淡黑色纵线。卵扁圆形,绿色透明,似大谷粒,孵化前转为绿白色。老熟幼虫体长80mm,黄绿色,体光滑,头部呈三角形,体上附生黄白色颗粒,第4节后每节气门上方有黄色斜条纹,有一个尾角。蛹长45mm,纺锤形,黑褐色,尾端有短刺。

【发生规律】1年发生2代,以蛹在土中越冬。越冬代成虫5月中旬至6月中旬发生,成虫白天静伏,夜晚活动,有趋光性。1代幼虫5月下旬至7月为害,6月下旬老熟幼虫化蛹,1代成虫7月发生,2代幼虫7月下旬发生,9月上旬入土结茧化蛹。

【防治措施】

①人工防控。结合冬季翻耕,深翻树冠周围表土,人工挖蛹。生长季节根据树下幼虫排泄的粪粒在树上寻找幼虫捕杀。

②生物防控。天蛾天敌寄生率较高,如绒茧蜂、寄生菌等,应加以保护和利用。

③诱杀。利用频振式诱虫灯诱杀。

④化学防控。在幼虫发生初期抓紧喷药防控,药剂可用20%杀灭菊酯乳油3000倍液,或75%辛硫磷乳剂2000倍液,或2.5%溴氰菊酯乳油2000～3000倍液。

(22)雀斜纹天蛾(雀纹天蛾)Theretra japonica (Orza)

【寄主植物】葡萄、爬山虎、常春藤、麻叶绣球、大花绣球等。

【分布区域】高粱镇、长岭镇、梨树乡、分水林场。

【主要形态特征】成虫体长约40mm,翅展67～72mm,体绿褐色,头胸部两侧、背中央有灰白色绒毛,背线两侧有橙黄色纵纹,各节间有褐色条纹;前翅黄褐色,有暗褐色斜条纹6条,后翅黑褐色,后角附近有橙灰色三角斑纹。幼虫体长75～80mm;头部褐色,较小;背部青绿色,第1～8腹节有不甚鲜明的斜纹,前缘白色,与气门相连接;尾角20mm,细长,赤褐色,端部向上方弯曲,第1、2腹节背面各有1对黄色眼斑。虫产卵于叶背,幼虫在叶背取食。

【发生规律】1年发生2～4代,以蛹在土中越冬。6—7月成虫羽化,成虫产卵于叶背,幼虫在叶背取食。

【防治措施】生产上一般不做防治。

(23) 豆天蛾 *Clanis bilineata tsingtauica* Mell

【寄主植物】洋槐、刺槐、葛藤、忍冬、女贞、泡桐、榆、柳、藤萝等植物。

【分布区域】高梁镇。

【主要形态特征】翅展105～120mm。主要特征是胸部背侧中央有1条黑褐色纵线。上翅为较单纯的褐色,翅膀末端有1个小型的三角形黑褐色斑。雌、雄体差异不明显。近似种为葡萄天蛾及锯线天蛾。

【发生规律】1年发生1～2代,一般黄淮流域发生1代,长江流域和华南地区发生2代。以末龄幼虫在土中9～12cm深处越冬,越冬场所多在豆田及其附近土堆边、田埂等向阳地。成虫昼伏夜出,出现于4—10月,生活在平地至中海拔山区。白天栖息于生长茂盛的作物茎秆中部,傍晚开始活动。夜晚具趋光性。飞翔力强,可作远距离高飞。有喜食花蜜的习性,对黑光灯有较强的趋性。初孵幼虫有背光性,白天潜伏于叶背。豆天蛾在化蛹和羽化期间,如果雨水适中,分布均匀,危害严重。雨水过多,则发生期推迟,天气干旱不利于豆天蛾的发生。在植株生长茂密、地势低洼、土壤肥沃的淤地发生较重。

【防治措施】

①物理防治。利用成虫较强的趋光性,设置黑光灯诱杀成虫,可以减少其落卵量。

②生物防治。用杀螟杆菌或青虫菌(每克含孢子量80亿～100亿个)稀释500～700倍液,每亩用菌液50kg。

③药剂防治。可选用4.5%高效氯氰菊酯乳油1500～2000倍液、20%氰戊菊酯乳油2000倍液,或50%马拉硫磷乳油1000～1500倍液喷雾。

(24) 华中白肩天蛾 *Rhagastis mongoliana centrosinaria* Chu et Wang

【寄主植物】葡萄、绣球。

【分布区域】高梁镇、梨树乡、龙驹林场。

【主要形态特征】翅展60～65mm,体长29～32mm。头部及肩板两侧有白色鳞毛;胸部背板墨绿,后缘有橙黄色毛丛;腹部背中两侧有排列成行的棕褐色小点,腹面两侧橙褐色。前翅灰褐色,各横线由黑点组成,外线与外线间黄褐色,顶角内侧有一黑点,后缘基半部及外缘内侧中部污白色至枯黄色;后翅灰黑色,近后角有黄褐色斑;外缘毛白色,间杂有黑色点。

【发生规律】不详。

【防治措施】生产上一般不做防治。

(25) 缺角天蛾 *Acosmeryx castanea* Rothschild et Jordan

【寄主植物】葡萄科,乌蔹莓属。

【分布区域】高梁镇。

【主要形态特征】翅展75～90mm。身体紫褐色,有金黄色闪光;触角背面污白色,腹面棕赤色;腹部背面棕黑色;前翅各横线呈波状,前缘略中央至后角有较深色斜带,接近外缘时放宽,斜带上方有近三角形的灰棕色斑,亚外缘线淡色,自顶角下方呈弓形,达四脉后通至外缘,外侧呈新月形深色斑,顶角有小三角形深色纹,后翅棕黄色,前缘灰褐色,中部有2条深色横带;前翅反面赤褐色,外缘及基部灰褐色,前缘及亚外缘线呈白色斑,后缘枯黄色;后翅中部有数条暗色齿状横线,前缘有白色斑,外缘灰褐色。

【发生规律】成虫出现于3—10月,生活在平地至中海拔山区。夜晚趋光。

【防治措施】生产上一般不做防治。

(26) 葡萄天蛾 *Ampelophaga rubiginosa* Bremer et Grey

【寄主植物】葡萄科。

【分布区域】高梁镇、长岭镇、新田镇。

【主要形态特征】成虫体长约45mm,翅展约90mm,体肥大呈纺锤形,体翅茶褐色,背面色暗,腹面色淡,近土黄色。体背中央自前胸到腹端有1条灰白色纵线,复眼后至前翅基部有1条灰白色较宽的纵线。复眼球形较大,暗褐色。触角短栉齿状,背侧灰白色。前翅各横线均为暗茶褐色,中横线较宽,内横线次之,外横线较细呈波纹状,前缘近顶角处有1个暗色三角形斑,斑下接亚外缘线,亚外缘线呈波状,较外横线宽。后翅周缘棕褐色,中间大部分为黑褐色,缘毛色稍红。翅中部和外部各有1条暗茶褐色横线,翅展时前、后翅两线相接,外侧略呈波纹状。

卵:球形,直径1.5mm左右,表面光滑。淡绿色,孵化前呈淡黄绿色。

幼虫:老熟时体长80mm左右,绿色,背面色较淡。体表布有横条纹和黄色颗粒状小点。头部有两对近于平行的黄白色纵线,分别于蜕裂线两侧和触角之上,均达头顶。胸足红褐色,基部外侧黑色,端部外侧白色,基部上方各有1个黄色斑点。前、中胸较细小,后胸和第1腹节较粗大。第8腹节背面中央具1个锥状尾角。胴部背面两侧(亚背线处)有1条纵线,第2腹节以前黄白色,其后白色,止于尾角两侧,前端与头部颊区纵线相接。中胸至第7腹节两侧各有1条由前下方斜向后上方伸的黄白色线,与体背两侧之纵线相接。第1~7腹节背面前缘中央各有一深绿色小点,两侧各有1条黄白色斜短线,于各腹节前半部,呈"八"字形。气门9对,生于前胸和1~8腹节,气门片红褐色。臀板边缘淡黄色。化蛹前有的个体呈淡茶色。

蛹:体长49~55mm,长纺锤形。初为绿色,逐渐背面呈棕褐色,腹面暗绿色。足和翅脉上出现黑点,断续成线。头顶有1个卵圆形黑斑。气门处为1个黑褐色斑点。翅芽与后足等长,伸达第4腹节下缘。臀棘黑褐色,较尖。气门椭圆形,黑色,可见7对,位于第2~8腹节两侧。

【发生规律】1年发生1~2代。以蛹于表土层内越冬。在山西晋中地区,次年5月底至6月上旬开始羽化,6月中、下旬为盛期,7月上旬为末期。成虫白天潜伏,夜晚活动,有趋光性,于葡萄株间飞舞。卵多产于叶背或嫩梢上,单粒散产。每个雌虫一般可产卵400~500粒。成虫寿命7~10天。6月中旬田间始见幼虫,初龄幼虫体绿色,头部呈三角形,顶端尖,尾角很长,端部褐色。孵化后不食卵壳,多于叶背主脉或叶柄上栖息,夜晚取食,白天静伏,栖息时以腹足抱持枝或叶柄,头胸部收缩稍扬起,后胸和第1腹节显著膨大。受触动时,头胸部左右摆动,口器分泌出绿水。幼虫活动迟缓,一枝叶片食光后再转移至邻近枝。幼虫期40~50天。7月下旬开始陆续老熟入土化蛹,蛹期10余天。8月上旬开始羽化,8月中、下旬为盛期,9月上旬为末期。8月中旬田间见第2代幼虫为害,至9月下旬老熟入土化蛹越冬。

【防治措施】消灭虫源。结合树木养护管理,挖土灭蛹。加强调查,发现虫粪,人工捕杀幼虫。成虫发生期用高压农林杀虫灯,诱杀成虫。幼虫期可用3%甲维·啶虫脒、5%甲维·高氯氟等制剂防治。

(27)紫光盾天蛾 *Phyllosphingia dissimilis sinensis* Jordan

【寄主植物】核桃、山核桃。

【分布区域】高梁镇。

【主要形态特征】翅展105~115mm,全身有紫红色光泽,前翅前缘中央有1块较大紫色盾形斑,越是浅色部位越明显;前翅及后翅外缘齿较深;后翅反面有白色中线,明显。

【发生规律】多发生于每年的5—7月。

【防治措施】基本同葡萄天蛾。

(28)木蜂天蛾 *Sataspes tagalica tagalica* Boisduval

【寄主植物】黄檀属、葡萄。

【分布区域】分水林场。

【主要形态特征】翅展60~72mm,上唇及头顶青蓝色,触角黑色,胸部背面黄色,肩板黑色;腹部各节有灰黄色鳞毛,尤以第3、8节显著,腹面黑色;前翅烟灰色,基部有青蓝色光泽,内线、中线不分明,各翅脉黑色;后翅前缘黑色,顺中室有一段青蓝纵带,内缘及顶角黑色。

【发生规律】不详。

【防治措施】生产上一般不做防治。

(29)日本鹰翅天蛾 *Ambulyx japonica* Rothschild

【寄主植物】胡桃及槭树科林木。

【分布区域】高梁镇。

【主要形态特征】翅展85~90mm。主要特征为上翅表面近基部处有宽大的黑色条纹,停栖时,此条纹从左右翅与胸部背侧的黑斑连接成1条宽大的横带。雌、雄体差异不大。

【发生规律】6—8月为成虫盛发期。成虫趋光性强。

【防治措施】生产上一般不做防治。

5.箩纹蛾科

(30)枯球箩纹蛾 *Brahmophthalma wallichii* (Gray)

【寄主植物】女贞、冬青等木犀科植物。

【分布区域】长岭镇。

【主要形态特征】成虫体长45～50mm,翅展150～162mm。体色黄褐。前翅冲带下部球状,其上有一列3～6个黑斑(有变异,有时同一个体左右也不对称),中带顶部外侧为齿状突出。前翅端部为枯黄斑,其中3根翅脉上有许多白色"人"字形纹,外缘有7个青灰色半球形斑,其上方有2个黑斑。后翅中线曲折,外缘有3～4个半球形斑,其余呈曲线形。卵扁圆形,长径2.4～2.5mm,短径2.1～2.2mm。初产时呈米黄色,孵化前为褐色。幼虫5龄,各龄形态特征变异较大:1龄幼虫体长16～17mm,头宽1.4～1.5mm,丝疱上生有黑毛(2、3、4龄幼虫丝疱无毛),腹部第1～7节背面为黑白相间的环带。2龄幼虫体长24～27mm,头宽2.0～2.1mm,丝疱光滑无毛,腹节背面为2列黑斑,后列黑斑大,中央1个近三角形。3龄幼虫体长40～46mm,头宽3.1～3.4mm,体节两侧有黑色"八"字形纹,腹部第1～8节背中央均有1个黑斑。4龄幼虫体长61～75mm,头宽5.1～5.3mm,头及胸部两侧呈现黄黑色相间的豹纹,第1腹节背中央黑斑消失。5龄幼虫体长118～130mm,头宽7.8～8.2mm,丝疱全部脱落,遗留疤痕,后胸亚背线上有1对棕色斑。蛹长49～54mm,宽16.2～19.9mm,厚16.0～18.0mm。蛹深褐色,形似天蛾蛹;后胸背中央有1个凹穴,深约1.5mm,两侧为瘤状突起;腹部末端1枚有三角形臀棘,端部分叉。

【发生规律】1年发生1代,以蛹越冬。次年2月中下旬羽化,2月下旬始见卵。3月中旬至5月上旬为幼虫期。蛹期自4月中下旬至次年2月中旬。卵期23～39天。幼虫期30～35天。蛹期300～316天。雄成虫寿命11～21天,雌成虫寿命19～30天。卵多单粒散产于较嫩叶背,偶尔1叶上亦有2～3粒。幼虫蜕皮后,先取食蜕,然后食叶。老熟幼虫体色变橘红色则停食,下树寻找适当场所,在土下约5cm深处做土室化蛹越冬。预蛹期3～5天。成虫多在18—24时羽化,白天静伏枝干背面,夜间活动,有较强趋光性。口器发达,能取食花蜜。羽化后次日即行交尾,交尾后即当夜产卵。

【防治措施】生产上一般不做防治。

6. 枯叶蛾科

(31) 马尾松毛虫 *Dendrolimus punctatus* (Walker)

【寄主植物】马尾松、湿地松、黑松、火炬松、黄山松等。

【分布区域】白羊镇、分水林场、分水镇、高梁镇、后山镇、李河镇、龙驹林场、龙驹镇、龙沙镇、普子乡、瀼渡镇、孙家镇、铁峰山林场、铁峰乡、溪口乡、新田林场、熊家镇和余家镇。

【主要形态特征】

成虫:体色变化大,有灰白色、灰褐色、茶褐色和黄褐色等。雌蛾比雄蛾色浅,雄蛾较小。体长20～32mm,翅展36～56mm。雄虫触角羽状,前翅横线色深,明显,中室白斑显著,亚外缘线黑斑列内侧呈褐色,腹末尖削,休止时腹末鳞片外露。雌虫触角短,栉齿状,前翅中室白斑不明显,具5条深褐色横线,外横线略呈波纹状,亚外缘斑列8～9个,黑褐色,内侧衬以淡棕色斑,腹部粗壮,末端圆。

卵:椭圆形,光滑,长约 1.5mm,初产时粉红色,也有淡紫色、淡绿色,近孵化时紫黑色或紫褐色。

幼虫:多为 6 龄。体色随龄期不同而不同,4 龄幼虫体黄褐色,老熟幼虫体棕红色或黑褐色,被满白色或黄色的鳞毛。有纺锤形倒伏鳞片贴体,有银白色和银黄色两种。头部黄褐色,中、后胸背面有明显的蓝黑色毒毛带。腹部各节背面毛簇中有窄而扁平的片状毛,体侧着生许多白色长毛,并有一条连贯胸、腹的纵带,自中胸至腹部第 8 节气门后上方,在纵带上各有一白斑。老熟幼虫体长 38～88mm。

蛹:纺锤形,长 22～37mm,棕褐色或栗色,臀棘细长,末端卷曲或卷成小圈,雌蛹肥大,触角基部较平滑,端部与前足等长;雄蛹瘦小,触角基部突出,端部长于前足。

茧:椭圆形,灰白色至黄褐色,茧外散生黑色短毒毛。

【发生规律】在万州区,马尾松毛虫一般呈 3～5 年周期性大发生,危害范围广。1 年 2～3 代,以 3～5 龄幼虫在树皮裂缝、树下杂草丛内、石砾或针叶丛中越冬。越冬幼虫于次年 2—3 月开始取食。林边缘或林中稀疏的地区,松树生长健壮,通风良好,卵块密度大,产卵部位多在树冠的中、下部。调查显示,松树一旦受害,轻则生长迟缓,严重时针叶被吃光,如同火烧,致使松树生长极度衰弱,并易引起松墨天牛、松纵坑切梢小蠹、松白星象等蛀干害虫的入侵,造成松树大面积死亡。

松毛虫发生与环境因子关系密切。一般海拔 300m 以下的丘陵地区及干燥型纯松林容易大发生。万州区马尾松毛虫发生频繁主要有以下原因。一是干燥型纯松林区易发。万州区的铁峰山林场、分水林场、新田林场、恒合土家族乡、梨树乡等区域均以干燥型纯松林区为主。二是马尾松毛虫喜食老针叶而不喜吃嫩针叶,以上区域马尾松林均以近成熟林为主,容易大发生。三是边缘效应可促使马尾松毛虫发生程度上升。万州区马尾松林分斑块面积小,林缘比例大,林缘小气候对马尾松毛虫的发生十分有利。四是万州区马尾松毛虫发生区域的防治多采取化学药剂防治,对马尾松天敌的影响较大,而且马尾松纯林植被简单,中间寄主少,一定程度上缺乏天敌昆虫寄居和繁殖的区域,天敌昆虫对马尾松毛虫的爆发起不到明显的抑制作用。

【防治措施】

①造林技术防虫。加强营林技术,植树造林时,应营造混交林,合理密植。以针叶树和阔叶树呈块状或带状混交。如在南方使马尾松和木荷、樟树、白栎、枫香、油桐或相思树混交。每亩 450 株左右,促使早郁闭。对已有的疏林地,应补栽阔叶树种。抚育时,防止过度砍伐或修整,林内要适当保持一定的杂灌木等植被和枯枝落叶层。注意选育抗性树种,可考虑多栽黑松、火炬松和湿地松。

②施用生物农药。用 0.5 亿～0.7 亿个孢子/mL 的 Bt 乳剂,对 4～6 龄幼虫喷雾,适宜在湿度较高的季节使用;或用 1 亿个孢子/mL 白僵菌喷雾,适宜在 21～30℃、相对湿度在 90%以上使用(24℃最佳)。以上两种药剂使用时,加入 0.2%洗衣粉和适量的化学药剂(如 0.05%～0.1%的敌百虫等)能提高杀虫效果。用白僵菌喷粉或放孢时,用含孢量 50 亿个/g 菌粉,每亩 1kg。另外,可收集核多角体病毒致死的虫尸,经捣碎粗提加水稀释后喷洒在虫口密度大的地方,待感病垂死时,再扩大收集,重复利用。

③保护释放天敌。马尾松毛虫的自然天敌多达258种,卵期有赤眼蜂、黑卵蜂,幼虫期有红头小茧蜂、两色瘦姬蜂,幼虫和蛹期有姬蜂、寄蝇和螳螂、胡蜂、食虫鸟等捕食性天敌,以及真菌(白僵菌)、细菌(松毛虫杆菌等)、病毒的寄生,其中许多种类对其发生有一定的抑制作用,应注意保护和利用。在各代松毛虫产卵初期、盛期、末期分批散放于林间,特别注意第1代、第3代放蜂(第2代为高温季节,效果差),每亩5万～10万头。通过禁止破坏林内灌木和植被,保护蜜源植物,冬春使用寄生蜂保护器,人工造鸟巢等,可以增大天敌种群。

④诱杀成虫。水盆式诱捕器,松毛虫性外激素20FE(1FE即一头雌虫性外激素的提取量)的诱捕效果最好。使用黑光灯、频振式诱虫灯诱杀,最好常年坚持设灯,可大大降低虫口密度。

⑤人工防控。虫灾面积小和零星分散的幼林,可组织人力剪除枝梢上的卵环、虫茧。也可利用幼虫的假死性,进行振落捕杀,消灭越冬幼虫及蛹。

⑥化学防治。水源方便,树高5m以下的松林喷雾,可选用2.5%溴氰菊酯乳油4000～6000倍液,25%灭幼脲3号1000倍液,50%辛硫磷乳油1000倍液,20%杀灭菊酯乳油2000倍液,防治幼虫。树体高大,郁闭度大的,可每亩用1kg敌敌畏插管烟雾剂烟熏。

(32)云南松毛虫 *Dendrolimus houi* Lajonquiere

【寄主植物】云南松、高山松、思茅松、柏木、圆柏、华山松、油杉、柳杉、马尾松、侧柏、柳杉等。

【分布区域】弹子镇、长岭镇、新田镇。

【主要形态特征】

成虫:雌虫体型较大,体长36～47mm,翅展98～130mm。全体密被灰褐色鳞毛,触角栉齿状,干黄白色。前翅翅面具有4条褐色横带,均从前缘伸达后缘。其中内横线与中线较不清晰,外横线2条,前端为弧状,后端略呈波状。亚外缘斑9个,新月形,灰黑色,位于外横线与翅的外缘之间,自顶角往下第1～5斑排列呈弧状,第6～9斑位于一条直线上,中室斑点不甚明显,腹部粗肥。雄虫体型较小,体长32～41mm,翅展70～87mm。体色也较雌虫为深,全体密被赤褐色鳞毛。触角羽状。翅面斑纹与雌虫同,唯中室斑点较明显。腹部瘦小。

卵:圆球形,直径1.5～1.7mm,棕褐色,翅面斑纹与雌虫表面具有3条黄白色环状带纹,中间环带两侧各有一灰褐色圆点。

幼虫:6～7龄,老熟幼虫体粗壮,体长90～116mm,全体黑色。体两侧的毛较长,褐色斑明显,缺贴体倒伏鳞片。腹部各节前亚背毛簇中缺少片状毛,只有粗硬的刚毛。

蛹:纺锤形,体长35.5～50.5mm,臀刺特别长而粗,末端稍弯曲至卷成圈。化蛹初期为淡褐色,以后体色逐渐加深呈黑褐色,各节皆稀生淡红色短毛。

茧:长椭圆形,长60～80mm,初期为灰白色,以后转变为枯黄色,茧表面杂有幼虫脱落的黑色刚毛。

【发生规律】1年发生1代,以卵越冬。越冬场所在松针基部或松枝上、树皮或杂灌木上。越冬卵于翌年2月中旬或3月上旬气温回升至15℃以上时,幼虫破壳而出,初孵幼虫主要取食卵壳,部分可直接取食针叶,另有部分到 2 龄后才开始取食针叶,3～4 龄后幼虫食量大增,有转移危害现象,5—7 月为取食盛期。一般在上午 10 时以后,下午 4 时以前,当气温 30℃ 以上时,幼虫要下树蔽荫和喝水。初孵幼虫遭受突然振动时,要吐丝下垂。6 月下旬至 7 月下旬,7 龄或 8 龄老熟幼虫开始在树下杂灌、草丛、寄主枝叶上结茧化蛹,幼虫历期 130 天左右。8 月下旬至 10 月为成虫羽化期,9 月中旬气温达 21～28℃ 时为成虫羽化盛期,一般羽化率为 80%,多在午后初夜羽化,喜阴湿环境,有较强的趋光性,雄虫飞翔力强。羽化后即可交尾,卵多产于背风半阴坡或山中部的树冠中下层,每雌成虫产卵 200 粒左右;卵的胚胎发育在当年完成。越冬期天敌有蚂蚁、蜘蛛、寄生蜂、寄生蝇、螳螂、鸟类等。

【防治措施】同马尾松毛虫。

(33)思茅松毛虫 *Dendrolimus kikuchii* Matsumura

【寄主植物】思茅松、云南松、华山松、马尾松、雪松等。

【分布区域】孙家镇、天城镇、铁峰山林场。

【主要形态特征】

成虫:雄蛾体长 22～41mm,翅展 53～78mm,棕褐色至深褐色,前翅基至外缘平行排列 4 条黑褐色波状纹,亚外缘线由 8 个近圆形的黄色斑组成,中室白斑明显,白斑至基角之间有一肾形大而明显黄斑。雌蛾体长 25～46mm,翅展 68～121mm,体色较雄蛾浅,黄褐色,近翅基处无黄斑,中室白斑明显,4 条波状纹也较明显。

卵:近圆形,咖啡色,卵壳上具有 3 条黄色环状花纹,中间纹两侧各有 1 个咖啡色小圆点,点外为白色环。

幼龄幼虫:与马尾松毛虫极相似。1 龄幼虫体长 5～6mm,前胸两侧具两束长毛,其长度超过体长之半,头、前胸背呈橘黄色,中、后胸背面为黑色,中间为黄白色,背线黄白色,亚背线由黄白色及黑色斑纹所组成,气门线及气门上线黄白色。2～5 龄斑纹及体色更为清晰。6 龄以前除体长逐龄增外,体色无多大变化,从 6 龄开始各节背面两侧开始出现黄白毛丝,7 龄时背两侧毒毛丛增长,并在黑色斑纹处出现长的黑色长毛丛,背中线由黑色和深橘黄色的倒三角形斑纹组成,全体黑色增多,至老熟时全身呈黑红色,中后胸背的毒毛显著增长。

蛹:椭圆形,初为淡绿色,后变栗褐色,体长 32～36mm,雌蛹比雄蛹长且粗,外被灰白色茧壳。

【发生规律】1 年发生 2 代,以幼虫越冬。越冬幼虫在翌年 4 月下旬—5 月上旬化蛹,5 月下旬羽化,6 月上、中旬出现第 1 代卵,6 月下旬出现第 1 代幼虫,8 月下旬结茧,9 月中、下旬羽化,9 月下旬开始产卵,10 月中旬出现第 2 代幼虫,至 11 月下旬开始越冬。老熟幼虫多在叶丛中结茧化蛹,结茧前 1 日停食不动。成虫多在傍晚至上半夜羽化,羽化后当天即可交尾产卵,成虫白天静伏于隐蔽场所,夜晚活动,以傍晚最盛,有一定的趋光性,卵成堆产于寄主叶上,初孵幼虫群集,受惊即吐丝下垂成弹跳落地,老熟幼虫受惊后立即将头卷曲,竖起胸部毒毛。

【防治措施】同马尾松毛虫。

(34)黄褐天幕毛虫 *Malacosoma neustria testacea* Motachulsky

【寄主植物】马桑、杨、柳、榆、槐、樟、核桃、樱花、海棠、桃、梅、杏、梨、樱桃、山楂等。

【分布区域】白羊镇、龙驹林场。

【主要形态特征】

成虫：体长18～22mm，翅展24～39mm。雄蛾黄褐色，触角锯齿状；前翅中央有2条深褐色横线纹，两线间颜色较深，呈褐色宽带，宽带内外侧均衬以淡色斑纹；后翅中间呈不明显的褐色横线。前、后翅缘毛均为褐色和灰白色相间。雌蛾与雄蛾显著不同，体翅呈褐色，腹部色较深，前翅中间的褐色宽带内，外侧呈淡黄褐色横线纹。后翅淡褐色，斑纹不明显。

卵：椭圆形，灰白色，顶部中间凹陷，每200～300粒紧密黏结在一起环绕在小枝上如顶针状。

幼虫：低龄幼虫身体和头部均黑色，老熟幼虫体长55mm，头部蓝灰色，有2个黑斑，体侧有鲜艳蓝灰色、黄色或黑色带。体背有明显的白带，两边有橙黄色横线，气门黑色，体背各节具黑色长毛。腹面毛短。

蛹：长13～20mm，初为黄褐色，后变黑褐色，有金黄色毛，蛹体有淡褐色短毛。茧灰白而显黄色，双层。

【发生规律】1年发生1代，以卵在枝条上越冬，第二年春树木萌芽时孵化。低龄幼虫群集在卵块附近小枝上取食嫩叶，后向树杈移动，吐丝结网，在枝间结大型丝幕，夜晚取食，1～4龄幼虫白天群集潜伏在网巢内，呈天幕状，因而得名。5龄幼虫离开网幕分散到全树暴食叶片，5月中、下旬陆续老熟幼虫于叶间杂草丛中结茧化蛹。6—7月为成虫盛发期，成虫有趋光性，羽化成虫晚间活动，产卵于当年生小枝梢端，幼虫胚胎发育完成后不出卵壳即越冬。每个雌蛾产1块卵，少数产2块，产卵200～400粒。

【防治措施】

①喷烟喷雾法。在5月中旬至6月上旬黄褐天幕毛虫幼虫期，可以利用生物农药或仿生农药，如阿维菌素、Bt乳剂、杀铃脲、灭幼脲、烟参碱等喷烟或喷雾的方法控制虫口密度，降低种群数量，减轻危害程度。

②灯光诱杀法。在7月上旬到中旬期间可以利用黑光灯、频振灯诱杀黄褐天幕毛虫成虫。

③人工采卵法。在卵期可以发动人员采集黄褐天幕毛虫的卵。因为黄褐天幕毛虫是一种喜阳的昆虫，一般林缘的阔叶林、灌木林虫口密度高于针叶林或针阔混交林，在阔叶林也是林缘虫口密度高于林内，且卵块在树枝的枝头上非常明显，采集起来也较容易。

④利用天敌抑制。天敌有天幕毛虫抱寄蝇、枯叶蛾绒茧蜂、柞蚕饰腹寄蝇、脊腿匙鬃瘤姬蜂、舞毒蛾黑卵蜂、稻苞虫黑瘤姬蜂、核型多角体病毒等。

(35)栗黄枯叶蛾(栎黄枯叶蛾)*Trabala vishnou gigantina*（Yang）

【寄主植物】核桃、栎类、板栗、苹果等。

【分布区域】长岭镇、新田林场。

【主要形态特征】

成虫:雌蛾体长25～38mm,翅展70～95mm,头部黄褐色,触角短双栉齿状;复眼球形,黑褐色。胸部背面黄色,前翅内、外横线之间为鲜黄色,中室处有1个近三角形的黑褐色小斑,后缘和自基线到亚外缘间又有1个近四边形的黑褐色大斑,亚外缘线处有1条由8～9个黑褐色小斑组成的断续的波状横纹。后翅灰黄色。雄蛾体长22～27mm,翅展54～62mm,绿色或黄绿色。

卵:圆形,长0.30～0.35mm,宽0.22～0.28mm。初产卵黑褐色,孵化前逐渐变成铅灰色。卵多产于茧表面、枝条及叶片等处,卵粒双行相间排列呈长条状,上覆雌蛾腹末的深褐色长毛。

幼虫:共6龄或7龄,初孵幼虫头部红褐色,老熟幼虫头部为土黄色,体长约70mm。幼虫密生白色体毛或黄色体毛。头顶中央头盖缝两侧对称分布有1条黑褐色长斑和8～9个不定型黑褐色小斑。体13节,在第1体节背板中央,有皇冠形黑褐色斑纹,两侧各有1个黑色疣状突起,其上各分布一束黑色长毛,其基部则有黄色或白色短毛簇,在第5体节和第11体节背部各有一簇白色长绒毛。

蛹:纺锤形,赤褐色,雌蛹肥大,体长约35mm,蛹为被蛹,纺锤形,黄褐色至黑褐色。复眼位于头部前端下方,黑褐色。翅芽伸至第4腹节下缘。腹部自背面可见9节,气门黑色,分布于蛹体两侧,共有7对。蛹体具有灰白色或黄褐色茧保护,茧侧面观为马鞍形,茧表面附有幼虫体表毒毛。

【发生规律】1年发生1代,以卵在树干和小枝上越冬。翌年4月下旬开始孵化,5月中旬为盛期,5月下旬孵化结束。初孵幼虫群集于卵壳周围,取食卵壳,经1昼夜,即开始取食叶肉,1～3龄有群集性,食量大,受惊吓后吐丝下垂。4龄后分散危害,食量猛增,受惊后昂头左右摆动。8月下旬幼虫老熟,于树干侧枝、灌木、杂草及岩石上吐丝结茧化蛹,蛹期9～20天;8月中旬成虫羽化,9月上旬为羽化盛期,成虫多为夜晚羽化交尾,当晚或次日产卵于树干或枝条、茧上,排成2行,即行越冬。每头雌蛾产卵量为290～380粒。成虫寿命平均4.9天。成虫具趋光性。初产卵暗灰色,孵化前卵呈浅灰白色,夜晚孵化,孵化率为98.1%。蛹期天敌有寄生蜂,寄生率为24%,幼虫有食虫蝽、白僵菌、核型多角体病毒,感病多为5～7龄幼虫,自然寄生率为18%。

【防治措施】

①营林管理。营造针阔混交林,合理密植,保持一定郁闭度,加强经营管理,提高树势。

②人工防治。人工摘卵、捕杀幼虫、采茧等。

③灯光诱杀。林间悬挂黑光灯诱杀成虫。

④生物防治或喷洒Bt乳剂1000倍液,或核型多角体病毒水溶液。保护天敌,蛹期的寄生蝇、幼虫期的食虫蝽、鸟类等。

⑤化学防治。幼虫期向叶面喷洒25%灭幼脲3号1000倍液,2.5%溴氰菊酯乳油5000～8000倍液,或50%杀螟松乳油1000倍液。

一、害虫类

(36) 橘褐枯叶蛾 *Gastropacha pardale sinensis* Tams

【寄主植物】柑橘。

【分布区域】高粱镇。

【主要形态特征】雌成虫体长 13~15mm，翅展 54~60mm，虫体与翅均为赤褐色，下唇须黄黑色，触角灰褐色，两边有栉齿，但常向一边合并呈单栉齿状，复眼黑色，前翅中部有1个较显著的黑色小点，翅上尚有许多模糊小黑点，翅脉色深，明显可见。后翅狭长，具有4个花瓣形黄白色圆斑。雄成虫体长 20~23mm，翅展 42~45mm，后翅圆斑远较雌蛾显著。卵椭圆形，长径 2mm，短径 1.7mm，有灰白色与青灰色或紫褐色条状相间的花纹。幼虫老熟时长约 90mm，略扁平，灰黑色。两侧有较长灰白色缘毛，长度略等于体宽。背面有长短不齐的黑色短毛。体上有许多淡褐色大小不等的斑点。中胸及腹部第 11 节有明显肉瘤。蛹长约 30mm，紫褐色，外附幼虫体毛，常包在叶片中。

【发生规律】1年约发生3代，成虫 6~9 月出现，8 月下旬—9 月中旬可见到较多卵粒。成虫白天不活动，有显著假死习性，体色与枯叶极似。有趋光性，羽化后不久即交尾。卵常产在橘叶正面靠近叶尖的边缘处，一般常是2粒产在一起，每头雌蛾一晚可产 80~90 粒卵。孵化时先在卵壳一端咬两个洞，几分钟后即可爬出虫体。卵在白天和夜间均可孵化但以夜间居多。初孵化幼虫活动力较强并有逆地心引力向上爬习性。

【防治措施】一般不必专门进行防治，如有较大的发生量，可在低龄幼虫盛发期喷洒 80% 敌敌畏乳油 800~1000 倍液，即能有效防治。天敌有寄生于卵中的松毛虫赤眼蜂。

7. 尺蛾科

(37) 柿星尺蛾 *Percnia giraffata* (Guenee)

【寄主植物】除柿树外，还有黑枣、苹果、梨、核桃、李、杏、山楂、酸枣、杨、柳、榆、槐、桑等多种植物。

【分布区域】高粱镇、分水镇、余家镇、长岭镇、恒合土家族乡、九池乡、茨竹乡、铁峰山林场、分水林场、新田林场。

【主要形态特征】成虫体长约 25mm，翅展约 75mm，雄蛾体较小，头部黄色，有4个小黑斑，前、后翅均白色，且密布许多黑褐色斑点，以外缘部分较密。复眼及触角黑褐色。触角丝状、前胸背板黄色，有一近方形黑色斑纹。腹部金黄色，有不规则的黑色横纹；背面有灰褐色斑纹。后足有距2对。卵长径 0.8~1mm，椭圆形，初产时呈翠绿色，孵化前变为黑褐色。初孵幼虫体长约 2mm，褐色，胸部稍膨大，老熟幼虫体长约 55mm，头部黄褐色且较发亮，布有许多白色颗粒状突起；背面暗褐色，两侧有黄色宽带，上有黑色曲线。躯干粗大，上有1对椭圆形的黑色线纹。气门线下有由小黑点构成的纵带。臀板黄色。胸足3对，腹足及臀足各1对。趾钩双序纵带。蛹长 20~25mm，褐色，胸背前方两侧各有一耳状突起，其间有一横隆起线与胸背中央纵隆起线相交，构成一个明显的"十"字形纹。尾端有一刺状突起,其基部较宽。

【发生规律】1年发生2代,以蛹在土壤中越冬。翌年5月下旬温、湿度适宜时越冬蛹开始羽化,6月下旬至7月上旬为羽化盛期。6月上旬成虫开始产卵,7月上、中旬为产卵盛期,在7月幼虫危害严重。老熟幼虫在8月上旬进入化蛹盛期。7月下旬第1代成虫开始羽化,8月底结束。第2代幼虫在8月上旬出现,8月中、下旬为第2代幼虫发生危害盛期,9月老熟幼虫进入越冬期。该成虫具有趋光性和较弱的趋水性,昼伏夜出,白天静伏于树干、小枝或岩石上,双翅平放。夜间9—11时最活跃,将卵呈块状产于叶片背面,卵块上无覆盖物,卵期约8天。成虫寿命较短。幼虫昼夜取食危害,受惊扰后有吐丝下垂现象。幼虫期28天左右,老熟幼虫多在树根附近潮湿疏松的土中或石块下化蛹。

【防治措施】晚秋或早春结合翻地挖蛹,消灭土中越冬蛹。加强管理,合理施肥灌水,增强树势,提高树体抵抗力。幼虫为害时,振树捕杀幼虫。

(38)巨豹纹尺蛾 *Obeidia gigantearia*

【寄主植物】蔷薇属。

【分布区域】高梁镇、长岭镇、梨树乡、普子乡、分水林场。

【主要形态特征】翅展70~81mm。本属近似种不少,本种为其中体型最大的。翅表面斑纹由外而内颜色依次是橙黄色、黑褐色、半透明白色;上翅翅端尖锐。雌虫白色斑面积较雄虫稍大。

【发生规律】成虫出现于夏季,生活在低、中海拔山区。白昼喜访花,夜晚具趋光性。

【防治措施】生产上一般不做防治。

(39)中国虎尺蛾 *Xanthabraxas hemionata*（Guenee）

【寄主植物】樟、映山红等。

【分布区域】恒合土家族乡。

【主要形态特征】体色鲜黄有黑斑,翅的正、反面色泽、花纹均一致,内、外线呈波状,中央有碎黑斑,外线以外呈放射状条纹。前翅长26~29mm,触角线形,下唇须中等长,额和头顶黄色,体背黄色,肩片基部和各腹节背面有深褐色斑点。前翅基部有2个大斑,内线和外线相向弯曲,带状,在Cu_2翅脉下方接近或接触;中点巨大,翅基部和前缘附近以及中点周围散布不规则碎斑;外线外侧在翅脉上排列放射状纵条纹,其间散布零星小点,缘毛在翅脉深灰色。后翅斑纹同前翅,但无内线。翅反面颜色、斑纹同正面。

【发生规律】1年发生1代,以卵越冬。越冬卵4月中旬开始孵化,幼虫期40天左右,6月中旬成虫羽化。蛹期15~24天,成虫期12~21天。

【防治措施】生产上一般不做防治。

(40)赭尾尺蛾 *Ourapteryx aristidaria* Oberthur

【寄主植物】栎属。

【分布区域】梨树乡、龙驹林场。

【主要形态特征】前翅长：雄虫 15mm，雌虫 16mm。雄虫触角锯齿形，具纤毛簇；雌虫触角线形。下唇须约 1/4 伸出额外。头和胸部前端紫灰色至紫褐色，体背黄色。前翅顶角和外缘中部凸出；后翅外缘中部凸出 1 个尖角。前后翅基半部黄色，有微小黑色中点；外线深褐色，在前翅 M 脉之间略向内弯曲，在后翅中部外凸；外线以外紫灰色至紫褐色，缘毛色稍浅。翅反面颜色、斑纹近似于正面。

【发生规律】5 月中旬至 9 月下旬发生，8 月上中旬最为严重。

【防治措施】生产上一般不做防治。

（41）国槐尺蛾 *Semiothisa cinerearia* Bremer et Grey

【寄主植物】国槐、龙爪槐，食料不足时危害刺槐。

【分布区域】高梁镇、铁峰山林场。

【主要形态特征】

成虫：体长 12～17mm，翅展 30～45mm。全体褐色。触角丝状。前翅有 3 条明显的波状横线，外横线上端有 1 个三角形深斑，后翅具 2 条横线，中室外缘上有 1 个黑色小点。雌、雄蛾区别不明显，主要在雄蛾后足胫节最宽处较腿节约大 1.5 倍，雌蛾后足胫节与腿节大小约相等。

卵：钝椭圆形，长 0.6～0.7mm，宽 0.4～0.5mm，初产时呈绿色，孵化前灰黑色。卵壳上具蜂窝状花纹。

幼虫：初孵时呈黄褐色，取食后为绿色，老熟后紫红色。老熟幼虫体长 30～40mm。幼虫分春型与秋型。春型幼虫体粉绿色，气门黑色，气门线以上密布黑色小点；秋型幼虫头及背线黑色，每节中央呈黑色"十"字形，亚背线与气门上线为间断的黑色纵条。

蛹：长 13～17mm，初为粉绿色，渐变为紫褐色。臀棘具 2 枚钩刺，雄蛹 2 枚钩刺平行，雌蛹 2 枚钩刺向外呈分叉状。

【发生规律】1 年发生 3～4 代。以蛹在树下松土中越冬。次年 4 月中旬羽化为成虫。成虫有趋光性。白天静伏在墙壁、树干或灌木丛中，夜出取食、交尾、产卵。卵多产于叶片正面主脉上，每处 1 粒。每雌蛾平均产卵 420 粒。5 月中旬刺槐开花时，第 1 代幼虫为害；6 月下旬至 8 月上旬，第 2、3 代幼虫为害。幼虫共 6 龄。幼虫有吐丝下垂习性。幼虫老熟后吐丝下垂或直接掉至地面，爬到树干基部及其周围松土中化蛹。

【防治措施】生产上一般不做防治。

（42）雪尾尺蛾 *Ourapteryx nivea* Butler

【寄主植物】栎属、朴树、冬青、大叶黄杨、栓皮栎等。

【分布区域】双河口街道、小周镇、大周镇、新乡镇、孙家镇、高峰镇、龙沙镇、响水镇、武陵镇、瀼渡镇、甘宁镇、天城镇、熊家镇、高梁镇、李河镇、分水镇、余家镇、后山镇、弹子镇、长岭镇、新田镇、白羊镇、龙驹镇、走马镇、罗田镇、太龙镇、长滩镇、太安镇、白土镇、郭村镇、柱山乡、铁峰乡、溪口乡、长坪乡、燕山乡、梨树乡、普子乡、地宝土家族乡、恒合土家族乡、黄柏乡、九池乡、茨竹乡、铁峰山林场、分水林场、新田林场、龙驹林场。

【主要形态特征】前翅长23mm。额和下唇须灰黄褐色；头顶、体背和翅白色。前翅顶角凸，外缘直，后翅尾角弱小。翅面碎纹灰色，细弱；前翅内、外线和后翅中部斜线浅灰黄色，细；前翅中点十分纤细，缘毛黄白色；后翅尾角内侧无阴影带，M_3上方有1个小红点，周围有黑圈，M_3下侧有1个黑点，缘毛浅黄至黄色。

【发生规律】1年发生2代，以成长幼虫停育过冬。4月上旬至5月下旬及9月下旬至11月上旬可诱到成虫。

【防治措施】生产上一般不做防治。

(43)丝棉木金星尺蛾 *Calospilos suspecta* Warren

【寄主植物】榆树、杨、柳及丝棉木、大叶黄杨、扶芳藤、卫矛、女贞等。

【分布区域】后山镇、长岭镇。

【主要形态特征】

成虫：雌蛾体长13～15mm，翅展37～43mm；雄蛾体长10～13mm，翅展33～43mm。翅底银白色，翅面有浅灰色和黄褐色斑纹。前翅外缘有连续的淡灰色斑，外横线呈1行淡灰色斑，上端分叉，下端有一黄褐色大斑。翅基部有一深黄褐色、灰色花斑。后翅斑与前翅斑纹相连接，仅在翅基无花斑，腹部金黄色，有9行由黑点组成的条纹，雄蛾腹部斑纹7条，后足胫节内侧有黄色毛丛。

卵：椭圆形，初产时呈黄绿色，后变为黑色。表面有网纹。

幼虫：老熟幼虫体长33mm左右，体黑色，前胸背板黄色，有5个近长方形的黑斑，臀板、胸足及腹足黑褐色。背线、亚背线、气门上线及亚腹线白色，气门线及腹线黄色。胸部及腹部第6节以后的各节上有黄色横纹。

蛹：棕褐色，纺锤形，长13～15mm。

【发生规律】1年发生4代。以老熟幼虫在被害寄主下松土层中化蛹越冬。3月底成虫出现，5月上中旬第1代幼虫及7月上中旬第2代幼虫危害最重。成虫多在叶背、枝干、杂草上成块产卵，排列整齐。初孵幼虫常群集为害，啃食叶肉，3龄后吃成缺刻，严重时将叶片吃光后则啃食嫩枝皮层，导致植株死亡。3、4代幼虫在10月下旬及11月中旬吐丝下垂，入土化蛹越冬。成虫飞翔力不强，有趋光性。

【防治措施】同柿星尺蛾。

8.刺蛾科

(44)桑褐刺蛾 *Setora postornata*（Hampson）

【寄主植物】山杨、油桐、青冈、茶、桑、柑橘、桃、梨、柿、栗等。

【分布区域】李河镇、龙驹镇、走马镇、长滩镇、燕山乡。

【主要形态特征】

成虫:体长 15~18mm,翅展 31~39mm,身体土褐色至灰褐色。前翅前缘近 2/3 处至近肩角和近臀角处,各具 1 条暗褐色弧形横线,两线内侧呈影状带,外横线较垂直,外衬铜斑不清晰,仅在臀角呈梯形;雌蛾斑纹较雄蛾浅。

卵:扁椭圆形,黄色,半透明。

幼虫:体长 35mm,黄色,背线天蓝色,各节在背线前后各具 1 对黑点,亚背线各节具 1 对突起,其中后胸及 1、5、8、9 腹节突起最大。

茧:灰褐色,椭圆形。

【发生规律】1 年发生 2~4 代,以老熟幼虫在树干附近土中结茧越冬。3 代成虫分别在 5 月下旬、7 月下旬、9 月上旬出现。成虫夜间活动,有趋光性,卵多成块产在叶背。每雌蛾产卵 300 多粒,幼虫孵化后在叶背群集并取食叶肉,半月后分散为害,取食叶片。老熟后入土结茧化蛹。

【防治措施】

①人工摘茧或挖茧,在枝干上或树冠附近浅土中、草丛中,一些虫茧附毒毛,防中毒。

②摘幼虫,低龄幼虫群集于叶片,呈透明斑,易发现,防中毒。

③利用扁刺蛾老熟幼虫沿树干爬行下地越冬的习性,用毒环毒杀下树的幼虫,毒笔涂环或用 20% 杀灭菊酯在树干上喷毒环,或与柴油以 1:2 混合,用牛皮纸浸液后在树干上围环。

毒笔制作:2.5% 溴氰菊酯与滑石粉、石膏粉以 1:1:3 调和成型,干燥 1 天后备用,树干胸高处涂闭合环,间距 3~5cm,忌接触和呼吸中毒。

④利用成虫的趋光性进行灯诱,也可预测虫情。

⑤药剂防治:幼虫 3 龄以前施药效果好,可用 90% 敌百虫、80% 敌敌畏乳油、50% 杀螟松乳油 1500~2000 倍液,菊酯类农药 5000 倍液均效果好。

⑥保护和利用天敌:施用颗粒体病毒或青虫菌制剂。注意保护利用广肩小蜂、赤眼蜂、姬蜂等天敌。

(45) 黄刺蛾 *Monema flavescens* Walker

【寄主植物】桤木、杨、枫、柳、大叶黄杨、核桃、枇杷、柑橘、苹果、乌桕、梧桐、楝、油桐、榆石榴、山楂、红叶李、紫薇、梅花、蜡梅、桂花等。

【分布区域】五桥街道、长岭镇、燕山乡。

【主要形态特征】

成虫:体长 13~17mm,翅展 30~39mm;触角丝状、棕褐色,体橙黄色,头胸部黄色,腹背黄褐色,前翅内半部黄色,外半部褐色,有 2 条暗褐色斜线,在翅尖上汇成一点,呈"Λ"形。后翅淡黄褐色,边缘色较深。足褐色,基节腿赤色。

卵:扁椭圆形,长 1.4mm,宽 0.9mm,初产时呈黄白色,后变为黑褐淡黄色,呈薄膜状,卵膜上有龟状刻纹。散产或数粒产于叶背。

幼虫:老熟幼虫体长 16~25mm,肥大,呈长方形,黄绿色,背面有一紫褐色哑铃形大斑,边缘发蓝。头较小,淡黄褐色;前胸盾半月形,左右各有一黑褐斑。胴部第2节以后各节有4个横列的肉质突起,上生刺毛与毒毛,其中以3、4、10、11节者较大。气门上线黑褐色,气门下线黄褐色。臀板上有2个黑点。胸足极小,腹足退化,第1~7腹节腹面中部各有一扁圆形"吸盘"。

蛹:长11~13mm,椭圆,粗大,淡褐黄色。头、胸背面黄色,腹部背面具褐色斑。

茧:灰白色,椭圆形,体长11~15mm,质坚硬,有灰白色不规则纹,类似雀卵。

【发生规律】黄刺蛾在重庆每年发生2代,分别在6月上旬至7月中旬和8月下旬至9月中旬为幼虫盛发期。以老熟幼虫于9月下旬开始在枝干上结茧越冬。成虫多在傍晚羽化,夜间活动,具趋光性,产卵于树叶背面近末端,散产或数粒在一起,每雌蛾产卵50~70粒。幼虫有7龄,初龄幼虫食卵壳,后取食叶的下表皮及叶肉成透明小斑,4龄时取食叶片成孔洞,5龄后取食全叶,仅留叶脉。老熟幼虫吐丝缠绕树枝,吐丝结质地坚硬、形似灰白色的椭圆形茧,化蛹其中。天敌有青蜂、姬蜂、广肩小蜂、黑小蜂、赤眼蜂、螳螂等。

【防治措施】同桑褐刺蛾。

(46)扁刺蛾 *Thosea sinensis*(Walker)

【寄主植物】冬青、白玉兰、核桃、日本晚樱、海仙花、月季、芍药、牡丹、樱桃、桂花、紫叶李、山楂、西府海棠、枇杷、紫荆、女贞等。

【分布区域】双河口街道。

【主要形态特征】

成虫:体长13~18mm,翅展28~35mm;头胸部灰褐色,前翅灰褐色略带紫色,从前缘到后缘有1条褐色线,线内有浅色宽带。

幼虫:体长22~35mm,翠绿色,扁平椭圆形,背隆起。每体节有4个绿色枝状毒刺,其中虫体两侧边缘的1对较大,亚背线上的1对较小。中背线灰白色,体背中央两侧各有1个明显的红点。

卵:长椭圆形,长1.1~1.4mm,散产于叶背,初产黄绿色,后变成灰褐色。

茧:圆形,长约14mm,黑褐色。

【发生规律】扁刺蛾在重庆1年发生2代,以老熟幼虫在树干基部周围土中结茧越冬。次年4月中旬化蛹,5月中旬成虫开始羽化产卵。两代幼虫发生期分别在5月下旬至7月中旬、8月至9月底。初孵幼虫不取食,2龄幼虫取食卵壳和叶肉,3龄后啃食叶片形成缺刻和孔洞,严重时食成光秆,致树势衰弱,影响植株生长。

【防治措施】同桑褐刺蛾。

9.带蛾科

(47)灰褐带蛾 *Palirisa chinensis* Rothsch

【寄主植物】马尾松、华山松、扁柏、侧柏、柿树、山玉兰、蜡梅、大叶黄杨、马桑等。

【分布区域】分水林场。

【主要形态特征】雌蛾翅展93～104mm,雄蛾翅展78～82mm。雌蛾头、胸、前翅红褐色,腹、后翅黄褐色,触角棕色;前翅呈2条棕色直的横线,外横线内侧衬浅黄褐色线纹,较鲜明,外侧呈深褐色斑纹,中横线外侧衬不明显的细横线,颇似双重;后翅的横线和斑纹与前翅相似,但色泽浅而不明显。雄蛾的触角黑色,体翅灰色,胸被长的鳞毛;前翅呈2条棕色的横线,外横线粗而明,内侧衬以浅灰色线纹,外侧深灰色,隐现深色斑纹,外缘线黑灰色,中横线较细;后翅有3～4条不太明显的横线纹。

【发生规律】1年发生1代,以蛹在马尾松树根周围枯枝落叶层下10～20cm的地方越冬。成虫翌年5月初开始羽化,6月下旬为羽化高峰期,8月下旬为羽化末期。成虫羽化后1～2天即可交配产卵,卵始见于5月上旬,6月下旬是产卵高峰期,卵期约14天。7月中旬为幼虫孵化高峰期,幼虫共7龄,历时146天左右。

老熟幼虫在11月下旬陆续下树到枯枝落叶层下化蛹越冬,蛹期为160天左右。

【防治措施】生产上一般不做防治。

10.灯蛾科

(48)人纹污灯蛾 *Spilarctia subcarnea*(Walker)

【寄主植物】杨树、榆树、木槿、桑等。

【分布区域】甘宁镇、白羊镇、龙驹镇。

【主要形态特征】

成虫:体长20mm,翅展45～55mm。头、胸部黄白色;腹部背面深红色至红色,背面、侧面具黑点列。前翅黄白色,内线外有一黑点,中室上角有一黑点,外线外有时具一斜列小黑点,两翅合拢时呈"人"字形。后翅白色。

卵:直径约0.6mm,扁球形,浅绿色。

幼虫:老熟时体长40mm,体黄褐色,密被棕黄色长毛;背部有暗绿色线纹,各节有突起,并有红褐色长毛。腹部第7～9节背线两侧各有1对黑色毛瘤,腹面黑褐色,气门、胸足、腹足黑色。

蛹:体长18mm,深褐色,末端具12根短刚毛。

【发生规律】1年发生2～6代,以蛹在土中越冬。幼虫啃食叶肉,初期低龄幼虫群集于桑叶背面啃食叶肉,仅留一层表皮,稍大后开始分散为害,食叶成缺刻,严重的把叶全吃光,仅剩主脉和叶柄。成虫趋光性强。卵产于叶背,块状或成行,其上覆有少许绒毛。初孵幼虫群集取食叶肉,受到惊扰时通过吐丝下垂或假死等方式逃逸。3龄后分散为害,老熟幼虫有假死性。幼虫多选择入土化蛹,化蛹深度为5～10cm,蛹期10～12天。末代(越冬代)幼虫选择好合适的场所后化蛹越冬,直至翌年5月下旬至6月上旬羽化。

【防治措施】

①人工防控。根据幼虫在4龄前群居网幕危害的习性,人工剪除网幕销毁,同时摘除卵

块和群集幼虫的叶片,放入纱网中,待寄生性天敌飞出后消灭幼虫。老熟幼虫转移时,可在树干周围束草诱集化蛹,然后集中消灭。

②灯光诱杀。成虫羽化盛期用黑光灯、频振灯和性诱剂诱杀。

③生物防控。保护和利用寄生性和捕食性天敌,如草蛉、胡蜂、蜘蛛、鸟类、核型多角体病毒、颗粒体病毒、白僵菌等。尤其是白蛾周氏啮小蜂防控美国白蛾效果很好。低龄幼虫期还可应用苏芸金杆菌和核型多角体病毒进行防控。

④化学防控。在低龄幼虫期,用50%辛硫磷乳油1000倍液,灭幼脲3号胶悬剂1000～1500倍液喷雾,或1.2%烟·参碱乳油1000～2000倍液,或用20%速灭菊酯乳油3000倍液喷雾。

(49)大丽灯蛾 *Aglaomorpha histrio*（Walker）

【寄主植物】杉木、油茶等。

【分布区域】分水林场。

【主要形态特征】翅展66～100mm。头、胸、腹橙色,头顶中央有1个小黑斑,额、下唇须及触角黑色,颈板橙色,中间有1个闪光大黑斑,翅基片闪光黑色,胸部有闪光黑色纵斑,腹部背面具黑色横带,第1节的黑斑呈三角形,末2节的黑斑呈方形,侧面及腹面各具1列黑斑;前翅闪光黑色,前缘区从基部至外线处有4个黄白斑。1脉上方有6个大小不等的黄白斑,中室末有1个橙色斑点,中室外至2脉末端上方有3个斜置的黄白色大斑;后翅橙色,中室中部下方至后缘有1条黑带,横脉纹为大黑斑,其下方有2个黑斑位于2脉及1脉上,外缘翅顶至2脉处黑色,其内缘呈齿状,在亚中褶外缘处有1个黑斑。

【发生规律】成虫白天喜访花,夜晚亦具趋光性。

【防治措施】生产上一般不做防治。

11. 毒蛾科

(50)蜀柏毒蛾 *Parocneria orienta* Chao

【寄主植物】柏木、侧柏、桧柏。

【分布区域】小周镇、高峰镇、龙沙镇、响水镇、武陵镇、甘宁镇、天城镇、熊家镇、后山镇、新田镇、白羊镇、龙驹镇、走马镇、长滩镇、郭村镇、柱山乡、九池乡、茨竹乡、新田林场。

【主要形态特征】

成虫:雌虫体长18～20mm,翅展33～45mm。雄虫体长12～15mm,翅展29～35mm。雄蛾触角羽毛状,头、胸部灰褐色,有白色毛,腹部黑褐色,基部颜色较浅,足灰褐色,有白色斑点。雄性外生殖器的围阳茎片背缘凹陷很深。雄蛾前翅白色,翅面有与外缘平行的由褐或黑褐色鳞片组成的大小2个月牙形模糊斑纹,缘毛白色和褐色或黑褐色相间;后翅褐色,基半部色浅,缘毛白色或黑褐色相间。雌蛾与雄蛾相似,触角栉齿状,颜色较浅,斑纹较雄蛾清晰,后翅白色,缘毛黑褐色,腹部透出绿色。

卵:扁圆形,直径0.6~0.8mm,背部中央有一凹陷。初产时暗绿色,孵化前为黑褐色。

幼虫:老熟幼虫体长22~42mm,头部褐黑色,体绿色,背面和侧面有灰白色和灰褐色斑纹,肉瘤红色,瘤上生灰白色和黑色毛。

蛹:体长12~20mm,绿色或灰绿色,腹部有黄白色斑。

【发生规律】蜀柏毒蛾在重庆、四川1年发生2代,以卵或初孵幼虫越冬。第1代卵的一部分在上年10月孵化,以幼虫越冬,一部分卵不孵化,以卵越冬,越冬卵在翌年2月下旬至3月上旬(气温在3~16℃间)开始孵化,初孵幼虫在鳞叶、小枝上活动,1~3龄幼虫能够吐丝下垂,借助风力迁移。4月下旬至5月上旬幼虫开始大量取食,主要取食柏木鳞叶,先吃中上部后吃下部,先吃嫩叶,后吃老叶,直至逐株吃光。一般5月中旬化蛹,5月下旬至6月上旬为化蛹盛期,5月下旬至6月下旬成虫羽化、产卵。第2代从5月下旬至10月上旬。第1代幼虫危害盛期在4月下旬至5月下旬;第2代危害盛期在8月下旬至9月中旬。

蜀柏毒蛾成虫白天静伏在枝条上,黄昏后成虫活跃,羽化时间多在午后,尤以黄昏最多,成虫雌雄性比差异比较大,第1代雌虫占42%,第2代雌虫占67%。蜀柏毒蛾对气候适应能力强,从3~35℃都能正常发育,但3月初寒潮、7月上旬降雨对初龄幼虫有较大影响,持续低温或强风、暴雨会造成幼虫大量死亡。蜀柏毒蛾趋光性极强,靠近光源、水面、公路旁的林分易受危害。通常情况下,如遇连年干旱少雨、冬干春旱、气温偏暖等则蜀柏毒蛾危害加剧。

【防治措施】

①营林措施。营造混交林,从单位面积上减少毒蛾食物源。

②物理防控。消灭越冬幼虫。刮除老桩翘皮,摘除卵块和初孵集中的幼虫,同时挖出土石缝中的卵块和蛹集中消灭。清扫枯枝落叶,冬季树干涂白或涂波尔多浆。也可将稻草束于树干或分支处,待幼虫春季活动前,把束草取下,放入寄生蜂保护器,待天敌羽化后,将束草销毁。结合森林管护,及时摘除卵块及初孵群集幼虫,集中消灭。也可利用趋光性,在羽化盛期,采用黑光灯诱杀成虫。

③生物防控。招引和保护鸟类,引进和保护天敌昆虫,如梳胫饰腹寄蝇、绒茧蜂、平腹小蜂等。在1~3龄时,喷200万个蜀柏毒蛾核型多角体病毒、苏云金杆菌、白僵菌制剂等。

④化学防控。重点对越冬代幼虫进行防治。防治时间一般在3月中旬至4月上旬,造成灾害之前,对比较集中的成片柏木林、树高3m和郁闭度在0.5以上的柏木林进行防治。可采用苦参碱粉剂,每亩用量0.75kg,用机动喷雾器喷雾杀灭幼虫。或使用25%灭幼脲三号悬浮剂,按照每亩20~40g的药量稀释成1000~2500倍药液进行喷雾。

(51)肾毒蛾 *Cifuna locuples* Walker

【寄主植物】杨属、茶、柿、柳等林木。

【分布区域】地宝土家族乡。

【主要形态特征】

成虫:体长15~20mm,雄蛾翅展34~40mm,雌蛾翅展45~50mm,体呈黄褐色至暗褐色,后胸和第2、3腹节背面各有一黑色短毛束,前翅有1条深褐色肾形横脉纹,微向外弯曲,内区布满白色鳞片,内线为一条内衬白色细线的褐色宽带,后翅淡黄带褐色。雌蛾体色比雄蛾稍深,触角长齿状,雌蛾触角羽状。

卵:半球形,淡青绿色。

幼虫:共5龄,老熟幼虫体长约40mm,体呈黑褐色,头部有光泽,上生褐色次生刚毛,亚背线和气门下线为橙褐色间断的线,前胸背板长有褐色毛,前胸背面两侧各有一黑色大瘤,上生向前伸的长毛束,其余各瘤褐色,上生白褐色毛,第1~4腹节背面有暗黄褐色短毛刷,第8腹节背面有黑褐色毛束,除前胸及第1~4腹节外的瘤上有白色羽状毛,胸足每节上方白色,跗节有褐色长毛。

蛹:长约20mm,红褐色,背面有长毛,腹部前4节具灰色瘤状突起。

【发生规律】1年发生3代,均以幼虫在茶树中下部叶片背面越冬,翌年4月开始为害。第1代成虫于5月中旬至6月下旬发生,第2代于8月上旬至9月中旬发生。卵期11天,幼虫期35天左右,蛹期10~13天。卵多产在叶背。

【防治措施】

① 清除在树叶片背面的越冬幼虫,减少虫源。

② 掌握在各代幼虫分散为害之前,及时摘除群集危害虫叶,清除低龄幼虫。

③ 药剂防治,参见蜀柏毒蛾。

12. 螟蛾科

(52)竹织叶野螟 *Algedonia coclesalis* Walker

【寄主植物】慈竹、麻竹、毛竹、刚竹、淡竹、青皮竹、撑蒿竹、苦竹、角竹、绿竹、桂竹、白夹竹、红壳竹、石竹等。

【分布区域】高梁镇、长岭镇、新田镇、白羊镇、龙驹镇、溪口乡等。

【主要形态特征】

成虫:体长9~13mm,翅展22~30mm,黄色或黄褐色。触角丝状,复眼草绿色,前翅外缘有深褐色宽带,另有3条深褐色横线,中横线中央部分断裂,中横线后段与外横线前段有一纵线相连接,后翅中央有一弯曲褐色斑纹。

幼虫:共6龄。体长16~24mm,头褐色,体表光滑,取食期间体呈绿色或淡黄色,老熟体色较浅,呈灰白色,化蛹转为金黄色。

卵:扁圆形,长0.8~1mm,淡黄色,略呈半透明。

蛹:长12~14mm,橙黄色,腹部较细,末端有数根钩状臀棘。

【发生规律】竹织叶野螟生活史复杂,1年有1~4代多种情况。一般以第1代危害最重。以老熟幼虫在土茧中越冬。成虫具较强趋光性。交配产卵前,有吸收禾本科植物的花蜜补充营养和常群集水洼或潮湿的草丛中吸水习性,所以山脚接近蜜源植物或杂草多的毛竹疏林及灌丛草地为成虫的主要栖息场所。产卵于光线充足的竹林,多产于当年新生竹叶背处,每雌蛾产卵1~3块,每块30~60粒不等。初孵幼虫一般多选尚未开放的第1片抽心叶,在上面吐丝织 1 条丝带,控制新叶开放并做成虫苞。3 龄前不转苞,3 龄后有转苞为害习性,6 龄时每天转苞 1 次,对松林造成极大威胁。

【防治措施】

①人工防控。人工摘除虫苞,减少越冬基数。在幼虫发生期,根据此虫早期有吐丝缀叶为害的习性,人工捕杀雀舌黄杨和瓜子黄杨等绿篱上的幼虫。秋季清理枯枝落叶及杂草。

②生物防控。幼虫期有姬蜂、茧蜂和寄蝇等多种天敌,注意区分正常茧和被寄生茧,使寄生蜂、寄生蝇正常羽化,扩大寄生作用。

③化学防控。发生面积大时于低龄幼虫期喷药。喷 90％晶体敌百虫 1000 倍液、灭幼脲 3 号 1000 倍液、10％溴氰菊酯乳油 2000～3000 倍液等药剂。

(53) 绿翅绢野螟 *Diaphania angustalis* (Snellen)

【寄主植物】灯台树。

【分布区域】分水林场。

【主要形态特征】

成虫:体长约 20mm,翅展 37～40mm。头顶嫩绿色;触角细长丝状,基部嫩绿色,其他各节浅绿色至淡白色;下唇须第 1 节白色,第 2、3 节嫩绿色;下颚须嫩绿色;胸部背面嫩绿色,腹面略白;腹部除末节棕色以外,其余各节水绿色,雄蛾腹部末端臀鳞棕色,雌蛾腹部末端只有少数棕色鳞片;双翅嫩绿色;前翅狭长,中室端脉有一小黑点,中室内另有一较小的黑点,前缘淡棕色,外缘毛深棕色,后缘缘毛浅绿色;后翅中室有 1 个黑斑,前缘及后缘线白色,缘毛深棕色。

老熟幼虫:体长约 30mm,体淡绿色,腹部背面从第 1 节至第 7 节,每节有由 4 个斑点组成的四方斑,其余各节背面为 2 个斑点组成的横斑,亚背线下方每节也有 1 个近椭圆形斑。

蛹:红褐色,长约 20mm,尖梭形,腹末有 8 根毛钩。

【发生规律】雌虫选择萌发嫩枝、嫩叶较多的树产卵。卵产于叶片上,散产或聚产成卵块。幼虫吐丝纵卷叶片,隐蔽其中取食叶肉,常使枝叶枯黄,造成落叶。叶肉食尽后,幼虫转移为害新叶片。1～3 龄幼虫食量小,4～6 龄幼虫进入暴食期,食量大,几天内可把全株嫩叶吃光,个别幼树致死。受害叶片多数脱落,仅残存少量老叶,形成秃枝光秆。10 月下旬,老熟幼虫常缀 2～3 片叶形成虫苞,或在其中化蛹,以此两种虫态越冬。

【防治措施】

①栽培管理。在害虫缀结虫苞及化蛹时,可人工进行摘除虫苞,消灭蛹和幼虫;定期进行疏枝修剪,施肥壮树,增强植株抗逆性;喷洒药物毒杀幼虫之后,还应喷施叶面肥,为糖胶树补充必要的养分,促使树体逐步恢复生机,提高植株抵御其他病虫害的能力。

②灯光诱捕。利用绿翅绢野螟成虫的趋光性诱杀。在成虫发生期于糖胶树周围的路灯下利用灯光捕杀其成虫;或在糖胶树集中的绿化区域设置黑光灯等进行诱杀;或用糖醋液诱杀,配比为糖 5g、酒 5mL、醋 20mL、水 80mL,加 90％晶体敌百虫 1g。

③生物防治。迷仁跳小蜂对绿翅绢野螟幼虫寄生率高,1～6 代寄生率达 13.7％～

76.5%,对绿翅绢野螟种群有良好控制作用,应加以保护利用。此外,对寄生性凹眼姬蜂、跳小蜂、白僵菌及寄生蝇等自然天敌进行保护利用;或进行人工饲养,在集中发生区域进行释放,可有效地控制其发生危害。捕食性的天敌主要包括鸟类、蜂螂、胡蜂、游猎性蜘蛛等,可加以保护利用,有利于维护城市生态平衡。大力推广使用生物农药。

④药剂防治。50%杀螟松乳油800倍液,90%敌百虫晶体800倍液,80%敌敌畏乳油1000倍液,48%毒死蜱1500倍液。3天后继续喷杀1次,1周后改用1.8%阿维菌素乳油2000倍液或20%灭幼脲悬浮剂1500倍液进行喷杀。

(54) 桃蛀野螟 *Conogethes punctiferalis* (Guenee)

【寄主植物】桃、苹果、梨、杏、石榴、葡萄、松、杉等。

【分布区域】响水镇、分水镇、罗田镇、长滩镇。

【主要形态特征】

成虫:体长9~14mm,翅展25~28mm。全体橙黄色。前翅正面散生27~28个大小不等的黑斑;后翅有15~16个黑斑。雌蛾腹部末端圆锥形。雄蛾腹部末端有黑色毛丛。

卵:长椭圆形,稍扁平,长径0.6~0.7mm,短径约0.3mm。初产时呈乳白色,近孵化时呈红褐色,卵面有细密而不规则纹。

幼虫:体色多变,有淡褐色、浅灰色、浅灰蓝色、暗红色等色,腹面多为淡绿色。头暗褐色,前胸及背板褐色。各体节具明显的黑褐色毛片,背面的毛片较大,第1~8腹节气门以上各具6个,成2横列,前4后2。气门椭圆形,围气门片黑褐色突起。

蛹:长10~14mm,纺锤形,初化蛹时呈淡黄绿色,后变深褐色。头、胸、腹部1~8节背面密布细小突起,腹部末端有细长卷曲的臀棘6根。茧灰褐色。

【发生规律】1年多发生3~5代。主要以老熟幼虫在树皮裂缝、被害僵果、坝堰乱石缝隙内结茧越冬,少以蛹越冬。一般越冬代成虫于5月中旬开始羽化,6月上、中旬为羽化盛期。成虫对黑光灯和糖醋液有趋性。成虫白天停息在叶背等隐蔽处,19—24时和4—5时活动频繁。桃蛀野螟的发生量与雨水有关。一般4—5月多雨,相对湿度80%以上,越冬幼虫的羽化率较高,有利于大发生。

【防治措施】

①药剂防治。第1代幼虫孵化初期,桃树上喷布20%氰戊菊酯(杀灭菊酯)4000~7000倍液或40%水胺硫磷乳油2000倍液,50%杀螟硫磷乳油1000倍液等农药,半月后再喷1次。第2代幼虫孵化期酌情喷药。

②诱杀成虫。成虫发生期,采用黑光灯、糖醋液、性外激素诱杀成虫。

13. 蓑蛾科

(55) 大袋蛾 *Clania variegata* Snellen

【寄主植物】核桃、茶、樟、杨、柳、榆、桑、槐、栎(栗)、乌桕、悬铃木、枫杨、木麻黄、扁柏等。

【分布区域】武陵镇。

【主要形态特征】

成虫：雌蛾粗壮肥胖，无翅，乳白色，体长 25～30mm；雄蛾体长 20～23mm，体黑褐色，具灰褐色长毛。前翅近前缘有 4～5 个透明斑。

幼虫：共 5 龄，体长 32～37mm，头部赤褐色，体黑褐色，头顶有环状斑，前、中胸背板有 4 条纵向暗褐色带，后胸背板有 5 条黑褐色带，腹部各节有横皱。

袋囊：纺锤形，灰褐色，长 52～62mm，袋囊上常缀附 1～2 片枯叶和枝条，护囊丝质较疏松。

【发生规律】大袋蛾在重庆每年发生 1 代，偶有 2 代，但第 2 代幼虫常不能越冬，以老熟幼虫在护囊内挂在枝干上越冬，翌年 4—5 月化蛹，5—7 月成虫羽化。成虫羽化多在傍晚，雄虫羽化后出囊寻找雌虫交尾，黄昏时比较活跃，有趋光性。雌虫产卵于囊内，平均 3400 粒。产卵后，雌虫身体干瘪死亡。卵期 10～20 天。初孵幼虫在护囊内滞留 3～4 天后出囊吐丝下垂，借风力扩散，4 级风即可扩散到 500m 外，到达适宜寄主先营巢，一面吐丝一面缀叶呈碎片，造成与虫体大小相当的囊袋，此后囊袋随幼虫长大而增大，幼虫负囊活动和迁移。大袋蛾幼虫取食树叶、嫩枝皮。大发生时，几天就能将全树叶片食尽，残存秃枝，严重影响树木生长，使枝条枯萎或整株枯死。幼虫也有明显趋光性，多聚集于梢顶和树冠为害。雨天多风和中午炎热取食减弱或停止，下午 3—4 时取食增加。幼虫有较强的忌避性和耐饥性。10 月中旬起，老熟幼虫向枝梢顶部转移，将囊袋固定，袋口封闭越冬。气温高，干旱有利于大袋蛾生长，为害猖獗；雨水多影响幼虫孵化，取食，易感染流行病，不易成灾。

【防治措施】

①摘除虫囊。大袋蛾行动迟缓，无毒，在秋季落叶后，护囊极易寻找，尤其是对于不太高的林木，如苗圃、灌木等，可在虫口密度较大、危害症状明显时，结合整枝修剪，摘除虫囊，消灭越冬幼虫。但摘下的护囊要注意保护囊内天敌。

②诱杀。结合防控其他害虫用黑光灯或性外激素诱杀雄成虫。

③生物防控。微生物农药防治大袋蛾效果非常明显。用苏云金杆菌每克含孢量1000 亿/mL 以上 500 倍液喷雾，或用核型多角体病毒（粗提液稀释到 1 亿个/mL）喷雾防控，或用 Bt 制剂（每克芽孢量 100 亿个以上）1500～2000g/hm^2，加水 1500～2000kg 喷雾防治。另外保护和利用天敌，如伞裙追寄蝇、黄瘤姬蜂、费氏大腿蜂、蓑蛾核型多角体病毒等。

④化学防控。3 龄前及时喷药防控，90％敌百虫或 80％敌敌畏 1000～1500 倍液，菊酯类农药 5000～10 000 倍液。喷药时注意寻找"危害中心"，力求均匀周到，喷到树冠顶部，并要求喷湿护囊，以节省农药和人力，提高防效。根据幼虫多在傍晚活动的特点，一般选择在傍晚喷药。

14.苔蛾科

(56)白黑华苔蛾 *Agylla ramelana*（Moore）

【寄主植物】莎草科。

【分布区域】分水林场。

【主要形态特征】翅展 42～60mm；白色，雄蛾前翅前缘黑边，外带黑；后翅在中室下角外有一黑斑。雌蛾前翅前缘从外线处达翅顶黑边，外线减缩为 2 个黑点；后翅中室下角外有一黑斑。

【发生规律】一般在夜间活动，有趋光性。因为它有着很好的听觉和嗅觉，能适应夜间的生活。

【防治措施】生产上一般不做防治。

15. 夜蛾科

（57）核桃豹夜蛾 *Sinna extrema*（Walker）

【寄主植物】胡桃科山核桃属、枫杨属、胡桃属、黄杞属及化香树属，玄参科泡桐属。

【分布区域】九池乡。

【主要形态特征】体长 15mm 左右，翅展 32～40mm。头部及胸部白色，颈板、翅基片及前后胸有橘黄色斑；腹部黄白色；背面微带褐色；前翅橘黄色，有许多白色多边形斑，外线为完整曲折白带，顶角有 1 个大白斑，中有 4 个黑小斑，外缘后半部有 3 个黑点，后翅白色微带淡褐色。

【发生规律】1 年发生 6 代，以越冬代老熟幼虫在下木及地被物中结茧化蛹越冬。此虫越冬代出蛰期不集中，年生世代多，前后世代有明显的重叠现象，各世代及各虫态历期长短不一。幼虫期 25～35 天。初孵幼虫食尽卵壳，约 1h 后开始取食叶片下表皮及叶肉，残留上表皮，叶面上形成诸多不定型透光的"天窗"；2 龄幼虫食叶成孔洞或自叶缘取食成缺刻；3 龄以上则取食全叶。幼虫全天暴露在叶面上，日夜活动，爬行迅速，一叶食尽即行转移。幼虫蜕皮前停食约半天，蜕皮后约 1h 恢复取食。1～5 龄幼虫均取食虫蜕。各龄幼虫均可吐丝下垂，随风扩散。5～6 龄为幼虫暴食期。老熟幼虫吐丝下垂或直接坠落，于下木或地被物上结茧化蛹，尤喜在高 0.5 米以下的杂灌木和杂草上结茧化蛹。

【防治措施】

①营林技术防治。于 3 月中旬越冬蛹羽化前，人工清除林地灌木、杂草及地被物中的"蛹化茧"；4 月下旬后，及时处理各代坠落于地面的老熟幼虫。坚持采取这些人工防治措施，可取得有虫不成灾的效果。

②化学防治。于 10 月上旬及 4 月末至 5 月初，在越冬代和第 1 代老熟幼虫下树高峰之前，地面喷洒 40% 甲基异柳磷乳油 1000～1500 倍液或 50% 辛硫磷乳油 1000～1500 倍液，可使 90% 左右的老熟幼虫死于作茧之前；在 5 月上旬—8 月上旬雨季，地面喷布 100 亿个孢子/g 的白僵菌粉剂（10 000～12 000g/hm²），老熟幼虫发病率可达 70%～75%；烟云浓度 5%（2 支 80% DDVP 乳油/1kg 烟剂）的"741"烟剂，在郁闭度 0.8 以上的林间施放，对成虫和 3～4 龄幼虫均有效。

一、害虫类

(58) 旋目夜蛾 *Spirama retorta* (Clerck)

【寄主植物】柑橘、苹果、葡萄、梨、桃、杏、李、杧果、木瓜、番石榴、红毛榴莲等。

【分布区域】九池乡。

【主要形态特征】

成虫:体长约 20mm,雌雄体色显著不同。雌蛾褐色至灰褐色,颈板黑色,第 1～6 腹节背面各有一黑色横斑,向后渐小,其余部分为红色;前翅蝌蚪形黑斑尾部与外线近平行;外线黑色波状,其外侧至外缘还有 4 条波状黑色横线,其中 1 条由中部至后缘;后翅有白色至淡黄白色中带,内侧有 3 条黑色横带;中带外侧至外缘有 5 条波状黑色横线,各带、线间色较淡。雄蛾紫棕色至黑色,前翅有蝌蚪形黑斑,斑的尾部上旋与外线相连;外线至外缘尚有 4 条波状暗色横线,上端不达前缘。卵灰白色,直径 0.86～1.02mm,卵孔圆形稍内陷。由卵顶到底部有长纵棱 6～7 根,中间有短肩棱 6 根。

幼虫:头部褐色,颅侧区有黑色宽纵带,体灰褐色至暗褐色,有大量的黑色不规则斑点,构成许多纵向条纹。末龄幼虫体长约 60mm。蛹体长 22～26mm,红褐色。

【发生规律】旋目夜蛾幼虫取食合欢叶片,多在枝干及有伤疤处栖息,将身体伸直,紧贴树皮。老熟幼虫在枯叶碎片中化蛹。成虫吸食柑橘等水果的果汁。属二次为害种。

【防治措施】生产上一般不做防治。

(59) 中金翅夜蛾(中金弧夜蛾) *Diachrysia intermixta* Warren

【寄主植物】金盏菊、菊花、翠菊、大丽菊、蓟等。

【分布区域】恒合土家族乡。

【主要形态特征】成虫体长 17mm,翅展 37～42mm。头、前中胸部红褐色,后胸褐色。腹部黄白色。前翅紫褐色,有大的金色近三角形斑。老熟幼虫长 40mm。头部小,胴部黄绿色。腹部第 5～8 节较粗,逐渐向前方缩小。

【发生规律】1 年发生 2～3 代。以蛹在寄主上越冬。次年 4～5 月羽化为成虫。成虫有趋光性。6—11 月均可见到幼虫为害,7～8 月危害最强烈。老熟幼虫卷叶筑一薄茧化蛹其中。

【防治措施】生产上一般不做防治。

(60) 月牙巾夜蛾 *Dysgonia analis* (Guenbe)

【寄主植物】蔷薇科。

【分布区域】九池乡。

【主要形态特征】体长 14～16mm;翅展 39～91mm。头部及胸部棕色;腹部灰棕色;前翅棕色,中带白色略外斜,前宽后窄,中央密布棕褐点,呈楔形,外线外斜至 6 脉,此段白色,粗,在 6 脉后折向内斜并呈暗棕色,至 3 脉后再稍内弯,中线与外线间色浓,顶角内半色深,缘毛灰白色;后翅棕色,中带白色窄长,臀角有一白纹。

【发生规律】成虫出现于 5—8 月。生活于低中海拔山区,具趋光性。
【防治措施】生产上一般不做防治。

(61)鹿裳夜蛾 *Catocala proxeneta* Alpheraky

【寄主植物】栎属。
【分布区域】新田林场。
【主要形态特征】体长 16~18mm,翅展 35~37mm。头部及胸部灰白色至杂黑棕色,下唇须外侧微黑,翅基片边缘有黑纵纹,跗节黑色,有黄白色斑;腹部黄褐色。前翅褐灰色,密布黑色细点,内线以内色较深,尤其亚中褶处似一黑纵条,基线黑色达亚中褶,内线黑色,微呈波浪形外斜,肾纹黑褐边,不清晰,后方有一黑边的灰黄色斑。外线黑色,在 4~6 脉间呈二尖齿,然后微呈锯齿形。亚端线灰色,微锯齿形,端线为一列黑点。后翅黄色,中带黑色弯曲,亚中褶有一黑纵条伸至中带,端区有一黑带,其外缘波浪形,在亚中褶处间断。
【发生规律】不详。
【防治措施】生产上一般不做防治。

(62)白肾裳夜蛾 *Catocala agitatrix* Graeser

【寄主植物】杨属。
【分布区域】九池乡。
【主要形态特征】体长 21~24mm,翅展 52~56mm。头部褐灰色,额两侧有黑斑,颈板灰黄色,胸部褐灰色;腹部黄褐色,基部稍带灰色,腹面白色;前翅褐色带青灰色,基线黑色达亚中褶,内线黑色,微呈波浪形外斜,中线褐色模糊,肾纹白色,中有隐约的暗圈,后方有一黑边的褐灰色斑,并以一黑线与外线相连,外线黑色锯齿形,亚端线灰白色,锯齿形,两侧色暗褐,端线由一列衬以白色的黑点组成;后翅黄色,中带黑色,在亚中褶处折向内伸达翅基部,后缘有一黑纵纹,端带黑色,在亚中褶后端为一黑圆斑。
【发生规律】不详。
【防治措施】生产上一般不做防治。

16. 舟蛾科

(63)栎黄掌舟蛾(栎掌舟蛾)*Phalera assimilis* (Bremer et Grey)

【寄主植物】栗、栎、榆、白杨等。
【分布区域】长岭镇、新田镇、梨树乡、黄柏乡。
【主要形态特征】
成虫:雄蛾翅展 44~45mm,雌蛾翅展 48~60mm。头顶淡黄色,触角丝状。胸背前半部黄褐色,后半部灰白色,有 2 条暗红褐色横线。前翅灰褐色,银白色光泽不显著,前缘顶角处有一略呈肾形的淡黄色大斑,斑内缘有明显棕色边,基线、内线和外线黑色锯齿状,外线沿顶角黄斑内缘伸向后缘。后翅淡褐色,近外缘有不明显浅色横带。

卵:半球形,淡黄色,数百粒单层排列呈块状。

幼虫:体长约 55mm,头黑色,身体暗红色,老熟时黑色。体被较密的灰白色至黄褐色长毛。体上有 8 条橙红色纵线,各体节又有 1 条橙红色横带。胸足 3 对,腹足俱全。有的个体头部漆黑色,前胸盾与臀板黑色,体略呈淡黑色,纵线橙褐色。

蛹:长 22～25mm,黑褐色。

【发生规律】在中国各地均 1 年发生 1 代,以蛹在树下土中越冬。翌年 6 月成虫羽化,以 7 月中下旬发生量较大。成虫羽化后白天潜伏在树冠内的叶片上,夜间活动,趋光性较强。成虫羽化后不久即可交尾产卵,卵多成块产于叶背,常数百粒单层排列在一起。卵期 15 天左右。幼虫孵化后群聚在叶上取食,常成串排列在枝叶上。中龄以后的幼虫食量大增,分散为害。幼虫受惊动时则吐丝下垂。8 月下旬到 9 月上旬幼虫老熟下树入土化蛹,以树下 6～10cm 深土层中居多。

【防治措施】

①人工防治。幼虫发生期,在低龄幼虫分散前组织人力采摘幼虫叶片。幼虫分散后可振动树干,击落幼虫,集中杀死。

②地面喷药。幼虫落地入土期,地面喷洒白僵菌粉剂或 50％辛硫磷乳剂 300 倍液。喷药后耙一下,效果较好。

③药剂防治。在幼虫危害期,可往树上喷 25％敌灭灵可湿性粉或 25％灭幼脲 3 号胶悬剂 1500 倍液,青虫菌 6 号悬浮剂或 Bt 乳剂 1000 倍液,对幼虫有较好的防治效果。也可喷洒 50％对硫磷乳油 2000 倍液,90％敌百虫晶体 1500 倍液。

(64)钩翅舟蛾 *Gangarides dharma* Moore

【寄主植物】栎属、柳树。

【分布区域】恒合土家族乡、分水林场。

【主要形态特征】翅展:雄 62～69mm,雌 72～83mm。全体和前翅灰黄色,布满褐色雾点,头顶、胸背和前翅带浅朱红色;前翅有清晰暗褐色横线 5 条,亚基线波浪形,内线在中室前外曲,随后几乎垂直于后缘,中线在横脉外曲,外线在 R_5 脉弯曲,随后斜达后缘,亚端线波浪形内衬明亮边,横脉纹为 1 个白点;后翅灰黄褐色带浅红色,有 1 条模糊褐色外带。

【发生规律】不详。

【防治措施】生产上一般不做防治。

(65)大新二尾舟蛾 *Neocerura wisei* (Swinhoe)

【寄主植物】栎属、青冈属。

【分布区域】分水林场。

【主要形态特征】翅展:雄 74mm,雌 81～83mm。本种外形与新二尾舟蛾近似,区别在于本种个体大；第 7 节腹背中央具小环纹，第 8 节白色，中央具半圆形黑纹，后缘具黑边，雌蛾第 7、8 两节白色具黑边，第 7 节中央具黑环，环内有一黑点；前翅内带宽且较不规则横脉纹粗黑，月牙形，外线双道平行波浪形，外缘脉上无黑线，但有一列脉间三角形黑点，其中 1~4 脉间的黑点有时向内延伸，有时断裂成 2 个；后翅较暗，蒙有一层烟灰色，从前缘中央到臀角有一条不清晰的亮带，臀角有 2 条黑纹，横脉纹和翅脉暗褐色，端线为一列脉间黑点。

【发生规律】不详。

【防治措施】生产上一般不做防治。

17. 粉蝶科

（66）钩粉蝶 *Gonepteryx rhamni*（Linnaeus）

【寄主植物】鼠李。

【分布区域】后山镇。

【主要形态特征】成虫体长约为 60mm，雄蝶呈淡黄色，接近黄油的颜色，与雄蝶相比，雌蝶略微偏绿。两性中室端部都有一个橙色亮斑，当从下方观察时两性间的差异更小。触角和触须呈粉褐色，与同属的圆钩粉蝶相比，该种的前翅顶角和后翅 Cu 脉更为突出。其在冬眠时，翅膀颜色、形态与常青藤、冬青、树莓叶都很接近。

【发生规律】幼虫的食物为鼠李叶。成虫以花蜜为食，摄食对象比较广泛，包括蒲公英、樱草、夏枯草和风信子的花朵。钩粉蝶是每年最早出现的蝴蝶之一，其在有些地区 2 月便结束了冬眠。雄性的冬眠期短于雌性，因为它们可以在更低的温度下飞行，适应环境也较雌性迅速。在早春的寒冷气候中，该种有时会张开翅膀晒太阳以取得热量。5 月为其繁殖期，为了提高幼虫存活率，雌性会将卵直接产在鼠李的叶片上，每年产卵一次。卵在 10 天之后会孵化为幼虫，1 个月后开始化蛹。大约 2 周后，即每年 7 月是蛹化蝶的季节，之后钩粉蝶便尽量摄食为冬眠储备食物。

【防治措施】

①人工防控。结合冬季管理，摘除越冬虫蛹；成虫产卵期，巡查苗圃樟苗，及时摘除产于叶尖的卵粒，并保护寄生蜂。

②生物防控。可用 Bt 可湿性粉剂（100 亿个芽孢/克菌粉）1.2~1.5kg/hm^2，兑水 900L 喷雾，可加入 0.1%茶籽饼汁或肥皂粉以提高药效。或用菜青虫颗粒体病毒虫体 3~5g（10~20 头大龄病虫尸体），捣烂后兑水 555~750L 喷雾。保护和利用金小蜂、广大腿小蜂、姬蜂等天敌。

③化学防控。幼虫多发期，喷 25%灭幼脲 3 号悬浮剂 1000~1500 倍液、5%抑太保乳油 1000~2000 倍液、5%农梦特乳油 1000~2000 倍液、80%敌敌畏乳油 1000 倍液、5%定虫隆乳油 300~450mL、90%晶体敌百虫 800~1000 倍液、2.5%溴氰菊酯或 20%氰戊菊酯乳油 150~300mL，兑水 600L 喷雾。

18. 凤蝶科

(67) 柑橘凤蝶 *Papilio xuthus* Linnaeus

【寄主植物】柑橘、金橘、佛手、柚子、枸杞、樟、九里香、桤木、茜草、四季橘、黄柏、香橼、黄菠萝、花椒等。

【分布区域】小周镇、大周镇、甘宁镇、熊家镇、太龙镇、黄柏乡。

【主要形态特征】

成虫：翅展90～110mm。体侧有灰白色或黄白色毛。体、翅的颜色随季节不同而变化：春型色淡呈黑褐色，夏型色深呈黑色。春型较夏型体型稍小，颜色较深。春型翅展69～75mm，体长20～24mm；夏型翅展87～100mm，体长25～29mm。

卵：球形，直径1.2～1.3mm，初产淡白色，后变深黄色，孵化前紫黑色。

幼虫：5龄。老熟幼虫体长48mm；胸腹相接处稍膨大。3龄前暗褐色，似鸟粪，体上有肉刺状突起，老熟幼虫黄绿色，后胸背面两侧有蛇眼纹，左右相连似马蹄形，体侧有蓝黑色斜纹；臭腺橙黄色。

蛹：体长30mm，淡绿色稍带暗褐色，也有黄白色。体较瘦，头顶部有2个突起呈"V"形，胸背面有1个尖锐突起。

【发生规律】柑橘凤蝶发生代数因地而异，万州2年3代。各地均以蛹附在叶背、枝干上及其他比较隐蔽场所越冬。成虫白天活动，善于飞翔，中午至黄昏前活动最盛，喜食花蜜。卵散产于嫩芽上和叶背，卵期约7天。孵化后先食卵壳，然后食芽和嫩叶及成叶。幼虫老熟后多在隐蔽处吐丝作垫，以臀足趾钩抓住丝垫，然后吐丝在胸腹间环绕成带，缠在枝干等物上化蛹越冬。柑橘凤蝶以幼虫为害柑橘嫩叶、嫩梢，初龄幼虫在嫩叶边缘取食。虫体长大后渐向叶心咬食，仅留叶脉，严重时叶脉全被吃光，严重影响柑橘幼苗和幼树的生长与树冠的形成。在柑橘苗圃和幼龄柑橘园，因抽梢次数多，危害特别严重。多品种混栽的柑橘产区和山地柑橘园因生长期不完全相同，凤蝶幼虫的危害尤为严重。

【防治措施】

①人工捕杀幼虫和蛹。

②保护和引放天敌。为保护天敌，可将蛹放在纱笼里置于园内，寄生蜂羽化后飞出再行寄生。

③药剂防治。可用每克300亿个孢子青虫菌粉剂1000～2000倍液或40%敌·马乳油1500倍液、40%菊·杀乳油1000～1500倍液、90%敌百虫晶体800～1000倍液、10%溴·马乳油2000倍液、80%敌敌畏或50%杀螟松或45%马拉硫磷乳油等1000～1500倍液，于幼虫龄期喷洒。

(68) 金凤蝶 *Papilio machaon* Linnaeus

【寄主植物】伞形花科植物（茴香、胡萝卜、芹菜等）的花蕾、嫩叶和嫩芽梢。

【分布区域】双河口街道、甘宁镇、分水林场。

【主要形态特征】

成虫:翅展90~120mm。体黑色或黑褐色,胸背有2条"八"字形黑带。翅黑褐色至黑色,斑纹黄色或黄白色。前翅基部的1/3有黄色鳞片;中室端半部有2个横斑;中后区有一纵列斑,从近前缘开始向后缘排列,除第3斑及最后1斑外,大致是逐斑递增大;外缘区有1列小斑。后翅基半部被脉纹分隔的各斑占据,亚外缘区有不十分明显的蓝斑,亚臀角有红色圆斑,外缘区有月牙形斑;外缘波状,尾突长短不一。翅反面基本被黄色斑占据,蓝色斑比正面清楚。

雄性外生殖器上钩突短宽;颚形突弯曲;抱器瓣呈梯形,抱器腹很长,抱器背很短,抱器端直而倾斜;内突锯片状,约为抱器瓣长度的1/2;阳茎中等长,端部较细。

雌性外生殖器产卵瓣半圆形;前阴片分三叶,两侧宽,中叶窄,三叶端缘呈齿状;后阴片横宽,骨化程度差;囊导管细长,交配囊较小,椭圆形;囊突大,长条状,大约与交配囊等长。

幼虫:幼龄时黑色,有白斑,形似鸟粪。老熟幼虫体长约50mm,长圆桶形,但后胸及第1腹节略粗。体表光滑无毛,淡黄绿色,各节中部有宽阔的黑色带1条。后胸节及第1~8腹节上的黑条纹有间距略等的橙红色圆点6个,色泽鲜艳醒目。

【发生规律】每年发生代数因地而异。1年可发生3~4代。成虫将卵产在叶尖,每产1粒即行飞离。低龄幼虫栖息于叶片主脉上,大龄幼虫则栖息于粗茎上。幼虫白天静伏不动,夜间取食为害,遇惊时从第1节前侧伸出臭丫腺,放出臭气,借以拒敌。在高山区成虫春季到秋季出现,在深秋、冬季迁移到海拔低的山区繁殖,在高山区以蛹越冬。卵期约7天,幼虫期35天左右,蛹期15天左右。成虫喜欢访花吸蜜,少数有吸水活动。

【防治措施】

① 在幼虫零星发生时,可根据其危害状在受害叶附近把其寻找出来并杀死。

② 入冬后,铲除田间及周围的寄主和其他杂草,可以减少越冬蛹。

③ 在幼虫数量少时,可结合其他害虫的防治进行兼防。

④ 在幼虫数量多时,采用专门的药物防治,可用90%晶体敌百虫、50%杀螟硫磷乳油、50%敌敌畏乳油、25%喹硫磷乳油1000~1200倍液,或2.5%敌杀死乳油、20%氰戊菊酯乳油、2.5%功夫乳油、10%氯氰菊酯乳油2000~3000倍液。

(69)青凤蝶 *Graphium sarpedon*(Linnaeus)

【寄主植物】樟树、白兰、含笑、阴香、鳄梨、柑橘、肉桂、云南樟、黄樟、月桂、浙江樟、沉水樟、细叶香桂、四川大叶樟(银木)、楠木等。

【分布区域】双河口街道、小周镇、大周镇、甘宁镇、后山镇、弹子镇、新田林场。

【主要形态特征】

成虫:翅展70~85mm。翅黑色或浅黑色。前翅有1列青蓝色的方斑,从顶角内侧开始斜向后缘中部,从前缘向后缘逐斑递增大,近前缘的1斑最小,后缘的1斑变窄。后翅前缘中部到后缘中部有3个斑,其中近前缘的1个斑白色或淡青白色;外缘区有4~5个新月形青蓝色斑纹;外缘波状,无尾突。雄蝶后翅有内缘褶,其中密布灰白色的发香鳞。后翅反面的基部有1条红色短线,中后区有数条红色斑纹。有春、夏型之分,春型稍小,翅面青蓝色斑列稍宽。

卵:球形,乳黄色,底面浅凹。表面光滑,有光泽。直径约1.3mm。

幼虫:初龄幼虫头部与身体均呈暗褐色,但末端为白色。其后随幼虫成长而色彩渐淡,至4龄时转为绿色。胸部每节各有1对圆锥形突,初龄时呈淡褐色;2龄时呈蓝黑色而有金属光泽;到末龄时中胸的突起变小而后胸的突起变为肉瘤,中央出现淡褐色纹,体上出现1条黄色横线与之相连;气门淡褐色;臭角淡黄色。化蛹时体色为淡绿色半透明。

蛹:体色依附着场所不同而有绿色、褐色两型。蛹中胸中央有一前伸的剑状突;背部有纵向棱线,由头顶的剑状突起向后延伸分为3支,2支向体侧呈弧形到达尾端,另1支向背中央伸至后胸前缘时又二分,呈弧形走向尾端。绿色型蛹的棱线呈黄色,使蛹体似樟树的叶片。体长约33mm。

【发生规律】樟青凤蝶1年发生2～3代,以蛹悬挂在寄生中、下部枝叶上越冬。4月中旬至5月下旬陆续羽化。越冬代及第1～3代幼虫期分别在5月中旬至6月中旬、7月上旬至8月中旬、8月下旬至9月下旬。成虫夜间羽化,觅食花蜜作补充营养。数日后求偶交配产卵。产卵1粒于嫩叶尖端,偶2粒。每雌蝶产卵18～34粒。幼虫有5龄,每隔4天蜕1次皮,以5龄幼虫食量最大,每头幼虫1天取食樟叶1～5片。老熟幼虫爬行隐蔽于小枝叶背后,用丝固定尾部,2～3天化蛹。卵期一般4～6天,幼虫期约20天,越冬代蛹期90天左右。幼虫发育适宜温度为20～28℃。

【防治措施】生产上一般不做防治。

(70)灰绒麝凤蝶 *Byasa mencius*（Felder et Felder）

【寄主植物】马兜铃属。

【分布区域】分水林场。

【主要形态特征】翅展100～120mm,两性翅黑褐色,前翅较后翅淡,雌蝶比雄蝶色淡。春季标本较夏季标本后翅短。雄成虫后翅后缘翅折中香鳞毛白色或灰色,并富有光泽;红色亚缘新月纹更大。雄性抱器有两个相近的突起。

【发生规律】幼虫取食马兜铃,1年发生3～4代,幼虫乖巧且适应力强,很容易饲养。

【防治措施】生产上一般不做防治。

(71)蓝凤蝶 *Papilio protenor* Cramer

【寄主植物】芸香科。

【分布区域】分水林场。

【主要形态特征】翅黑色,有靛蓝色天鹅绒光泽。雄蝶后翅正面前缘有白色带纹,臀角有外围红环的黑斑;后翅反面外缘有几个弧形红斑,臀角具3个红斑。雌蝶后翅正面臀角外围有带红环的黑斑1个及弧形红斑1个;后翅反面与雄蝶同。该种蝶类在南方分旱季型和湿季型,前者体型较小,后者体型较大。中国除台湾产少数有尾型外,其余多为无尾型。

【发生规律】常活动于林间开阔地。幼虫寄主为芸香科的簕档花椒、柑橘类等。成虫喜欢访花,雄蝶喜欢吸水,飞行较迅速,路线不规则。

【防治措施】生产上一般不做防治。

(72)黎氏青凤蝶 Graphium leechi (Rothschild)

【寄主植物】厚朴、檫木。

【分布区域】新田镇。

【主要形态特征】成虫展翅 70~80mm,翅黑色。前翅亚外缘有 1 列白斑,中室内有 5 条白色端横纹。后翅基半部有 5 条长短不一的白纹。无尾突。

【防治措施】生产上一般不做防治。

(73)巴黎翠凤蝶 Papilio paris Linnaeus

【寄主植物】芸香科。

【分布区域】新田林场。

【主要形态特征】成虫翅展 95~125mm。体、翅黑色或黑褐色,散布翠绿色鳞片。前翅亚外缘有 1 列黄绿色或翠绿色横带,被黑色脉纹和脉间纹分割成斑块状,由后缘向前缘逐渐变窄,色调逐渐变淡,未及前缘即消失。后翅中域靠近亚外缘有一大块翠蓝色或翠绿色斑,斑后有 1 条淡黄色、黄绿色或翠蓝色窄纹通到臀斑内侧;亚外缘有不太明显的淡黄色或绿色斑纹;臀角有 1 个环形红斑。翅反面前翅亚外缘区有 1 条很宽的灰白色或白色带,由后缘向前逐渐扩大并减弱;后翅基半部散生无色鳞片,亚外缘区有 1 列"W"形或"U"形红色斑纹;臀角有 1~2 个环形斑纹,红斑内镶有白斑。

【发生规律】1 年发生 2 代以上,以蛹越冬。成虫好访白色系的花,一般在常绿林带的高处活动,飞行迅速,警觉性高而且很少停息,难以捕捉。主要栖息环境是山坡灌丛和阔叶林,主要寄主植物是飞龙掌血。

【防治措施】生产上一般不做防治。

(74)玉带凤蝶 Papilio polytes Linnaeus

【寄主植物】桔梗、柑橘类、双面刺、过山香、花椒、山椒等植物。

【分布区域】高笋塘街道、太白街道、牌楼街道、双河口街道、龙都街道、周家坝街道、沙河街道、钟鼓楼街道、百安坝街道、五桥街道、陈家坝街道、小周镇、大周镇、新乡镇、孙家镇、高峰镇、龙沙镇、响水镇、武陵镇、瀼渡镇、甘宁镇、天城镇、熊家镇、高梁镇、李河镇、分水镇、余家镇、后山镇、弹子镇、长岭镇、新田镇、白羊镇、龙驹镇、走马镇、罗田镇、太龙镇、长滩镇、太安镇、白土镇、郭村镇、柱山乡、铁峰乡、溪口乡、长坪乡、燕山乡、梨树乡、普子乡、地宝土家族乡、恒合土家族乡、黄柏乡、九池乡、茨竹乡、铁峰山林场、分水林场、新田林场、龙驹林场。

【主要形态特征】

成虫:大型,体长 25~27mm;翅展 95~100mm,全体黑色。雄蝶前翅外缘有 7 个黄白色斑点,后翅中央有1横列黄白色斑纹,共7个。雌蝶有2种:黄斑型和赤斑型。黄斑型与雄蝶相似,但后翅斑为黄色。赤斑型前翅黑色,外缘有小黄白斑8个,翅中央有2～5个黄白色椭圆形斑,下面有4个赤褐色弯月形斑。

卵:球形,直径1.2mm,初黄绿色,后为深黄色,孵化前紫黑色,有光泽。

幼虫:老熟幼虫体长45mm;1龄幼虫淡褐色,头黑色,体被白色刺毛。2～4龄呈鸟粪状。老熟幼虫深褐色,后胸前缘有1条齿状黑线纹,中间有4个灰紫色斑点,体侧有灰黑色斜纹;臭丫腺紫红色。体长30mm,体色有灰黄、灰褐及绿等色,体较肥胖,中部膨大,头顶部有2个突起呈"V"形,胸背面突起不尖锐。

蛹:表面粗糙,头端二分叉,中部向腹面突出,呈现弯曲。

【发生规律】1年发生4～5代,以蛹在树叶背面、枝干及邻近其他附着物上越冬。成虫都是大型蝶类,日间活动,飞翔能力强,吸食花蜜,卵散产于枝梢嫩叶尖端,9—12时产卵最多。幼虫孵化后先取食卵壳,再取食嫩叶边缘,长大后嫩叶片常被吃光,老叶仅留主脉。3龄前幼虫似鸟粪,幼虫受惊吓后则伸出臭丫腺,放出芳香气体,老熟后在叶背、枝上等隐蔽处吐丝固定其尾部,再作一丝环绕腹部第2、3节之间,将身体携在树上化蛹,蛹色常随化蛹环境而不同。天敌有黄金小蜂、广大腿小蜂,它们的寄生率很高,对凤蝶的发生起一定的抑制作用。

【防治措施】生产上一般不做防治。

(75)美凤蝶 *Papilio memnon* Linnaeus

【寄主植物】芸香科的柑橘类、双面刺、食茱萸等植物。

【分布区域】天城镇、熊家镇、铁峰山林场。

【主要形态特征】

成虫:翅展105～145mm。雌雄异型及雌性多型。雄蝶体、翅黑色。前、后翅基部色深,有天鹅绒状光泽,翅脉纹两侧蓝黑色。翅反面前翅中室基部红色,脉纹两侧灰白色;后翅基部有4个不同形状的红斑,在亚外缘区有2列由蓝色鳞片组成的环形斑列,但轮廓不清楚;雌性无尾突型前翅基部黑色,中室基部红色,脉纹及前缘黑褐色或黑色,脉纹两侧灰褐色或灰黄色。后翅基半部黑色,端半部白色,以脉纹分割成长三角形斑,亚外缘区黑色,外缘波状,在臀角及其附近有长圆形黑斑。翅反面前翅与正面相似;后翅基部有4个不同形状的红斑,其余与正面相似。雌性有尾突型前翅,与无尾突型相似,后翅除中室端部有1个白斑外,在翅中区各翅室都有1个白斑,有时在前缘附近白斑消失;外缘波状,在波谷具红色或黄白色斑;臀角有长圆黑斑,周围是红色。翅反面前翅与正面相似。后翅除基部有4个红斑外,其余与正面相似。

卵:球形,橙黄色。直径约1.7mm,高约1.5mm。

幼虫:头部最初呈黑褐色,随成长而颜色渐淡,老熟时则呈绿色。第1～3龄幼虫身体呈橄榄绿色,第2～4腹节有斜白纹在背部相接,第7～9腹节也有白纹扩展到背部。4龄幼虫体色转为绿褐色,背部白纹减退。老熟幼虫第4～5腹节有白色斜带,有时会在背面相接,带上有黑绿色小纹。第6腹节侧面也有一同色斑纹。气门褐色。臭角初龄时呈淡橙白色,随成长而颜色渐深,末龄时呈橙红色。

蛹:头前面的1对突起的末端呈圆弧形,第3腹节的后缘及第4腹节的前缘向两侧突出。绿色型蛹的背面有宽大的菱形黄绿色纹,翅面上则有褐色不规则斑纹;褐色型蛹的斑纹似木材的纹理,翅面上的斑纹则似青苔。

【发生规律】1年发生3代以上,以蛹越冬。成虫全年出现,主要发生期为3—11月。成虫常出现在庭院花丛中,还经常按固定的路线飞行而形成蝶道。

卵期4~6天,幼虫期21~31天,蛹期12~14天。成虫将卵单产于寄主植物的嫩枝上或叶背面,老熟幼虫在寄主植物的细枝或附近其他植物上化蛹。

【防治措施】生产上一般不做防治。

19.环蝶科

(76)箭环蝶 *Stichophthalma howqua*（Westwood）

【寄主植物】主要寄主为禾本科的中华大节竹、油芒以及棕榈科的棕榈等。

【分布区域】分水林场。

【主要形态特征】箭环蝶褐黄色,体大型,前翅正面黄褐色,前后翅周边有一圈箭簇状黑斑,也像矛头,又似小鱼图案,故名。翅的腹面中域有一纵列红褐色圆形斑(眼斑),中心米色,圆斑围为深褐色边缘,圆斑内侧有2条暗褐色线纹,勾勒出近似人形的侧影图。

【发生规律】1年发生1代。以幼虫在杂草、灌木以及枯枝落叶中越冬。3月上、中旬开始活动上竹为害,一直到6月上旬。卵产于竹叶背面或背面叶尖处,块状。当天产的卵均未有一圈紫色的环,淡黄色;一天后卵粒颜色渐渐转绿色,并有少量卵出现紫色的环。两天后大部分卵有一紫色的环,但颜色不一定都是绿色。卵期6~7天。幼虫孵化时从紫色环中顶盖而出。初孵幼虫取食卵壳,然后取食竹叶,幼虫有群集性,以同一方向整齐排列,有吐丝下垂的习性。蛹大部分用臀棘固定(悬挂)在竹小枝或竹叶的竹柄上,少量在竹秆上,蛹期为19天。

成虫刚羽化时,在蛹壳旁,抖动双翅,平铺,半小时后双翅才竖起。数小时后成虫开始飞翔,并停栖在毛竹叶片上、杂草上等,双足抓住寄主,双翅竖起下垂,呈倒挂姿势。雄成虫补充营养于地面上的垃圾上,如动物粪便、酒糟等处,十几头甚至几十头聚集在一起吸食营养。在竹秆节间处被卵圆蠊危害后留下的伤痕处,常常聚集数头成虫环状栖息进行补充营养。受惊飞走后,过段时间又重新飞回,继续进行补充营养。

【防治措施】

①营林措施。清理林地,破坏越冬场所。冬季及时清除林地内的杂草和枯枝落叶,减少竹箭环蝶幼虫基数。利用成虫期有群集补充营养的习性,在林内设放引诱物,集中扑杀。

②生物防治。在幼虫期释放白僵菌粉进行防治;在竹箭环蝶卵期时,竹林内释放赤眼蜂,效果较好,寄生率高达90%以上。

③化学防治。在幼虫期虫口密度大时,可采用烟雾机防治,药剂配制为:溴氰菊酯和柴油,绝大部分幼虫掉落在地上,慢慢地死,致死率达95%以上;冬季在林地内深翻土壤并喷洒触杀性农药,减少虫口基数,效果较好。

一、害虫类

20. 蛱蝶科

(77) 大红蛱蝶 Vanessa indica (Herbst)

【寄主植物】荨麻属、榆、黄麻。

【分布区域】铁峰乡、铁峰山林场。

【主要形态特征】成虫翅展 54～60mm,体粗壮黑色,翅面黑色,外缘波状。前翅 M_1 脉外伸呈角状,翅顶角有几个白色小点,亚顶角斜列 4 个白斑,中央有 1 条宽的红色不规则斜带。后翅暗褐色,外缘红色,内有 1 列黑色斑,内侧还有 1 列黑色斑。前翅反面除顶角茶褐色外,前缘中部有蓝色细横线;后翅反面有茶褐色的云状斑纹,外缘有 4 个模糊的眼斑。

【发生规律】长江流域 1 年发生 2～3 代,以成虫在田埂、杂草丛中、树林或屋檐等处隐蔽越冬。喜访花、吮吸树液、粪便。飞行迅速,不易捕捉。白天活动,卵散产于嫩叶面,初孵幼虫吐丝结网、卷叶为害。成虫飞翔力强,喜白天吸食花蜜,中午尤其活跃,把卵产在苎麻的顶叶上,卵散产,每叶 1～2 粒,低龄幼虫喜群栖为害,3 龄后转移,稍遇触动,有吐丝下垂习性,老熟后将尾端倒挂在包卷的叶里化蛹。幼虫发育适温 16～22℃,7 月气温升高对该虫发生有明显抑制作用。

【防治措施】①网捕成虫,集中消灭。②每亩喷乙敌粉或 2.5%辛硫磷粉剂、2%杀螟松粉剂 1.5～2kg,也可喷洒 90%晶体敌百虫 1000 倍液或 50%敌敌畏乳油 1500 倍液,每亩 50L。

(78) 嘉翠蛱蝶 Euthalia kardama (Moore)

【寄主植物】棕榈。

【分布区域】龙沙镇、梨树乡、九池乡、分水林场、龙驹林场。

【主要形态特征】

成虫:翅展约 80mm。前翅顶角不尖,前后翅外缘在 M_3 脉处较突出,翅墨绿色。前翅斜斑列白色,略呈绿色,有黑色的边缘线,M_3 及 Cu_2 室 2 斑外移,Cu_2 室有 2 个斑大,轮廓模糊,其余均小而轮廓明显。翅反面绿白色至灰褐色。前翅中室及中室外缘各具 2 个肾形黑圈,2A 脉与 Cu_2 脉之间各有一圆形黑圈,后翅中室有一纺锤形黑圈。触角长,锤状,上有鳞片,锤端部橘红色。

卵:馒头形。直径 1.65mm,高 1.2mm。深褐色,孵化前变为黑色。卵上有网格状六边形瘤状突起,六边形边交接处有 1 根毛。

幼虫:5 龄,幼虫孵化后吃掉卵壳。初孵幼虫头壳黑色,体淡绿色,接近棕榈叶色。体两侧各长 10 个棘刺,刺上长毛,前胸 1 对和腹部末端 1 对较长,各伸向前面(似触角)和后面。背部有 2 排瘤,每个瘤上长 1 根长毛。2 龄幼虫头壳黑色,幼虫两侧棘刺长,每根棘刺上又长轮生小刺,一长一短间隔,顶端 1 根黑色。背部有一白色条带。

蛹:为悬蛹,绿色,肩部两侧和中央、背部中央、腹部两侧共有 6 个亮丽的银色金属斑点。

【发生规律】成虫喜在日光下活动,飞翔迅速,行动活泼,但不持久,飞翔一段即落在树叶上,将翅展开,相对容易捕捉。幼虫取食棕榈,取食时爬到棕叶上部开裂处咬食,吃完后又爬到棕叶下部静伏不动。老熟幼虫全身长满长刺,体色跟棕榈叶色十分接近,不易发现。

【防治措施】生产上一般不做防治。

(79) 翠蓝眼蛱蝶 *Junonia orithya*（Linnaeus）

【寄主植物】水蓑衣属、金鱼草属。

【分布区域】龙驹林场。

【主要形态特征】翅展50～60mm。雄蝶前翅面基半部深蓝色,有黑绒光泽,中室内有2条不明显橙色棒带,2室眼纹不明显;后翅面除后缘为褐色外,大部分呈宝蓝色光泽。雌蝶深褐色,前翅中室内2条橙色棒带和2室的眼纹明显;后翅大部为深褐色。眼状斑比雄蝶大而醒目。本种季节性明显。秋型前翅反面色深,后翅多为深灰褐色,斑纹模糊。夏型灰褐色,前翅黑色眼纹明显,基部有3条橙色横带;后翅眼纹不明显,红褐色波状斑驳分布其间。冬型颜色较深暗,所有斑纹皆不明显;前翅外缘6脉端明显向外凸出。

【发生规律】此蝶多见于低山地带的路旁及荒芜的草地。幼虫以水蓑衣属、金鱼草等植物为食。

【防治措施】生产上一般不做防治。

(80) 二尾蛱蝶 *Polyura narcaea*（Hewitson）

【寄主植物】山槐、黄檀。

【分布区域】天城镇。

【主要形态特征】

成虫:翅展约70mm。体背有黑色茸毛,头顶有4个金黄色茸毛圆斑,排成方形。翅绿色,前翅前缘黑色,外缘和亚缘带黑色,两缘线之间为绿色带,中室横脉纹黑色,中室下脉有一黑色棒状纹,向外延伸接近亚外缘带,后翅外缘黑色,在近后角处向外延伸形成2个尾突,亚外缘带黑色,伸至后角,后角区为焦黄色。

卵:圆形,淡绿色,平顶,顶端有深褐色环纹。

幼虫:老熟幼虫体长35～48mm,绿色,各节有细褶皱,褶间布满淡黄色斑点。头绿色,两侧色淡黄,头顶有3对刺状突起,中间1对极短、褐色,两侧的2对绿色;气门线淡黄色,直达尾角。尾角1对,三角形,淡黄色。幼虫共5龄。

【发生规律】1年发生2代,以蛹越冬,翌年4月下旬越冬蛹羽化,5月上旬开始产卵。成虫寿命1个月左右。由于成虫产卵期长,孵化早的和迟的幼虫发育差别较大,同株树上的幼虫往往相差1～3个龄级。成虫喜在草丛低矮的阳坡腐烂树和晒热的牲畜粪便上停留取食,受惊后突然飞起,飞舞片刻,有时又迁移到原处停留。成虫产卵于叶面,散产。初孵幼虫取食卵壳,留下卵底,第二天开始食叶,取食时从叶缘起,食去叶肉留下叶脉和下表皮。2龄幼虫能一次食完一个叶片,但多数只食叶的一部分。3、4龄幼虫食量较大,一次可食4～5片叶。饲养的幼虫还可取食合欢树叶。老熟幼虫化蛹前停食1天,然后爬到小枝上,头下悬,腹末固定于枝上再化蛹。

【防治措施】生产上一般不做防治。

一、害虫类

（81）斐豹蛱蝶 *Argyreus hyperbius*（Linnaeus）

【寄主植物】柳、榆、三色堇和木槿等植物。

【分布区域】小周镇、大周镇、新乡镇、孙家镇、高峰镇、龙沙镇、响水镇、瀼渡镇、甘宁镇、余家镇、后山镇、弹子镇、长岭镇、新田镇、白羊镇、龙驹镇、走马镇、罗田镇、太龙镇、长滩镇、太安镇、白土镇、郭村镇、柱山乡、铁峰乡、溪口乡、长坪乡、燕山乡、梨树乡、普子乡、地宝土家族乡、恒合土家族乡、黄柏乡、九池乡、茨竹乡、铁峰山林场、分水林场、新田林场、龙驹林场。

【主要形态特征】

成虫：雄、雌异形。雌蝶外形模仿有毒的金斑蝶，雄蝶翅展约65mm，雄翅面红黄色，布满黑色豹斑，前翅外缘脉端有菱形小斑，中室内有4条横纹；后翅面外缘黑斑带内具蓝白色细纹，反面亚缘带内侧有5个灰白色瞳点的眼斑，中室黄绿色斑中心灰白色，眼斑外围有黑线。雌蝶翅展约71mm，前翅面端半部紫黑色，有1条宽的白色斜带。顶角有几个白色小斑。

卵：初产淡黄色，转而变为黄色，呈圆锥状，顶端不平整，卵表有几何形状的纵横刻孔，直径约0.8mm，高约0.7mm。孵化前变黑色，并可透过卵壳见小幼虫。

幼虫：头部呈黑色，脚部为黄黑二色；身体呈黑色，中间有1条橙色带状纹。头上有4条水平的黑色刺，腹部上的刺尖端呈粉红色，尾部的刺则呈粉红色而尖端黑色。

蛹：头部及翅鞘呈淡红色，背上有10个淡金属色的斑点。腹部呈深粉红色，刺端黑色。

【发生规律】喜好在开阔的草地及林缘活动，喜访花，飞翔迅速。雄虫略早于雌虫1～2天羽化，羽化后的雌虫第2天即可交配，雌蝶交尾后在1～2天内开始产卵，将卵单产在寄主植物的叶背、枯叶、草梗上以及附近的其他植物上。成虫的寿命在10天左右。初孵幼虫取食量极小，叶片被咬食成缺刻。1～4龄末期间，取食量不大，4龄末期至5龄时，食量大增，在这段时期可以将叶片、叶梗全吃光。进入预蛹期前，老熟幼虫寻找一处利于吐丝的地方将尾部粘着悬挂起来，进入蛹前期。预蛹期为1～2天，初化蛹体很软，外观湿润，为淡褐粉色，前胸至第2腹节上的突瘤状呈白色，随着蛹体干燥逐渐变硬，体色变为褐色或黑褐色。斐豹蛱蝶的雄蝶常在山头的空地盘踞，互相追逐，雌蝶则多在低地出现，在地面找寻适合产卵的地方。

【防治措施】生产上一般不做防治。

（82）柳紫闪蛱蝶 *Apatura ilia*（Denis et Schiffermüller）

【寄主植物】柳属。

【分布区域】天城镇。

【主要形态特征】

成虫：翅展59～64mm。翅黑褐色，翅膀在阳光下能闪烁出强烈的紫光。前翅约有10个白斑，中室内有4个黑点；反面有1个黑色蓝瞳眼斑，围有棕色眶。后翅中央有1条白色横带，并有1个与域前翅相似的小眼斑。反面白色带上端很宽，下端尖削成楔形带，中室端部尖出显著。成虫喜欢吸食树汁或畜粪,飞行迅速。

幼虫:绿色,头部有1对白色角状突起,端部分叉。

【发生规律】1年发生3～4代,以幼虫在树干缝隙内越冬,寄主为杨、柳科的植物。蛹绿色,为垂蛹,蛹期9～12天,幼虫期较长。卵单产于叶片背部,刚孵化的幼虫啃食自己的卵壳,以高龄幼虫最为危害,严重时将叶片吃光,仅残有叶柄。

【防治措施】生产上一般不做防治。

21. 珍蝶科

(83) 苎麻珍蝶 *Acraea issoria*（Hubner）

【寄主植物】荨麻、苎麻、醉鱼草、茶树等植物。

【分布区域】武陵镇、长岭镇、新田林场。

【主要形态特征】

成虫:翅展53～70mm,体翅棕黄色。前翅前缘、外缘灰褐色,外缘内有灰褐色锯齿状纹,外缘具黄色斑7～9个,后翅外缘生灰褐色锯齿状纹并具三角形棕黄色斑8个。

卵:长0.9～1.0mm,椭圆形,卵壳上有隆起线12～14条,鲜黄色至棕黄色。

幼虫:末龄幼虫体长30～35mm,头部黄色,具金黄色"八"字形蜕裂线,单眼、口器黑褐色。前胸盾板、臀板褐色,前胸背面生枝刺2根,中胸、后胸各4根,腹部1～8节各6根,末端2节各2根。枝刺紫黑色,基部蜡黄色。背线、亚背线、气门下线暗紫色。各体节黄白色。

蛹:长20～25mm。口器、触角黄色,翅脉、气孔、尾端黑褐色,头部、胸部背面有黑褐色斑点,余为灰白色。

【防治措施】生产上一般不做防治。

(五) 膜翅目

1. 叶蜂科

(84) 樟中索叶蜂（樟叶蜂）*Mesoneura rufonota* Rohwer

【寄主植物】樟树。

【分布区域】龙都街道、五桥街道、陈家坝街道。

【主要形态特征】

成虫:雌虫体长8～10mm,翅展18～20mm,体黑褐色,有光泽。翅透明,翅痣与翅脉黑褐色。前胸背板、中胸背板、盾片、小盾片、翅基片,中胸前侧片橘黄色。小盾侧片、后小盾片、中胸腹板黑褐色。雄虫体长6～8mm,翅展14～16mm,体色同雌虫。

卵:乳白色,有光泽,肾形,长0.9～1.4mm,宽0.4～0.5mm,近孵化时变卵圆形,并可见幼虫眼点。

幼虫:老熟幼虫体长15～18mm,初孵乳白色,头浅灰色,取食后体浅绿色,全体多皱纹,腹部后半部弯曲。头黑色,4龄后,胸部及第1、2腹节背面布满黑色斑点;胸部黑色,有淡绿色斑纹。胸足3对,腹足7对。

蛹:浅黄色,后变暗黄色,复眼黑色,长6～10mm。

【发生规律】1年发生2～3代,以老熟幼虫在土中结茧越冬。次年4月成虫开始羽化,卵散产于叶表皮内。幼虫取食嫩叶,初孵群集取食叶背表皮及叶肉,稍大将叶片吃成穿孔或缺刻。幼虫和蛹均有滞育现象,所以世代重叠严重。

【防治措施】

①林业措施。对在林冠下土层中结茧化蛹的零星林或经济林可采用秋季人工搂树盘,破坏越冬或化蛹场所的方法防治。对有群集或假死习性的可酌情考虑振落捕杀。

②人工防控。冬春季在被害寄主附近土壤中挖茧,消灭越冬虫源。在产卵期,产卵部位经3～5天自然开裂,卵粒外露,可人工寻找产卵痕迹,压卵。1～3龄幼虫有群聚性,可集中摘除。

③保护和利用天敌。注意利用自然感染或寄生或捕食效果明显的天敌及微生物。

④化学防控。叶蜂类幼虫对化学药剂常十分敏感,因此防治时应待卵全部孵化后进行。用2.5%敌百虫、5%杀虫畏、5%马拉硫磷粉剂地面喷粉毒杀下树结茧及羽化出土成虫均有效。幼虫危害期,用2.5%溴氰菊酯乳油3000倍液,25%灭幼脲3号胶悬剂2000倍液,90%敌百虫晶体1000倍液,80%敌敌畏乳油1500～2000倍液,20%杀虫净乳油2000倍液,10%氯氰菊酯乳油30 000倍液等,死亡率达90%以上。

(85)杨黄褐锉叶蜂(杨黑点叶蜂) *Pristiphora conjugata* (Dahlbom)

【寄主植物】杨树。

【分布区域】长岭镇、茨竹乡。

【主要形态特征】成虫体长7～8mm,黄褐色,被白短绒毛;头黑色,触角上方黑色,下方黄褐色;中胸背板、小盾片、后背片、侧板前侧片下半部、后侧片、腹板及后胸背板黑色,其余黄褐色;1～8腹节背板中央具黑斑,腹板、锯鞘褐色,足黄色;翅透明。幼虫老熟体长15～17mm,头黑褐色,体黄绿色;胸背横列黑斑点7列,1～7腹节侧面各有黑斑点5个,胸足基部和1～7腹节基部各有黑斑2个,7～8腹节背面各有小黑点2排。

【发生规律】不详。

【防治措施】生产上一般不做防治。

(86)鞭角华扁叶蜂(鞭角扁叶蜂) *Chinolyda flagellicornis* (F. Smith)

【寄主植物】扁柏、柳杉、柏木、塔柏、刺柏、圆柏等植物。

【分布区域】高峰镇、甘宁镇。

【主要形态特征】

成虫:雌成虫体长11～15mm,翅展24～29mm。体红褐色,头部额峰近锥形;左上颚狭长,端部黑色,唇中央隆起,唇基刻点粗疏;头顶及眼后区刻点细稀,触角侧区下部无刻点;复眼及单眼黑色,触角丝状,基部近10节和端部数节黑色,其余黄色;鞭节扁而粗,第1节长约等于第2、3节长度之和。中胸基腹片和中胸前侧片黑色,近似"凸"字形。翅半透明,淡黄色,端1/3灰褐色;翅痣黑色,痣下有缘室2个,后翅具3个基室。前足胫节端部有2个距。腹部高度扁平,有侧脊,末端几节被一包含短锯状产卵管的鞘分裂。雄虫体长9～11mm,翅展21～25mm。头部刻点较粗深,鞭节部分黄色。颈片、前胸基腹片、中胸前盾片及中胸盾片前部黑色。前翅淡黄色,前端约1/3及后翅灰褐色。腹部末节腹板完整。其余色泽及构造同雌虫。

卵:椭圆形,一端稍内凹,长径1～2mm,短径0.4～0.8mm。初产时呈深黄色有光泽,以后体积稍增大,近孵化时为淡黄色。

幼虫:初孵幼虫淡黄色,取食后转绿色;头部先变褐色,后转暗绿色;2龄后虫体出现7条白色纵带,体多环状皱纹,胸足3对,腹足退化,拟尾须2个。老熟幼虫体长16～28mm,入土后虫体白线消失,体橄榄绿色,部分黄绿色。

蛹:初蛹为草绿色,复眼黑色,之后体色渐变,近羽化时为棕黄或黄褐色。雌蛹较大,长10～17mm,触角短于体长,只能伸到腹部第5～6节,腹部较粗,腹面近末端开口处伸出2条柔软短锯状的产卵管。雄蛹较小,长8～14mm,触角一般与体等长或稍长于体,腹部较细,腹面完整。

【发生规律】1年发生1代。幼虫喜群聚取食,除取食针叶外,还剥食嫩皮。大龄幼虫常咬断2年生小枝,导致当年新梢枯死或脱落。成虫多产卵于树冠中下部枝条和针叶背面,幼虫也在相应部位取食。严重被害的林分,经过一定时间后,仅树顶绿色,树干中下部变为黄色。过冬后,下部枯枝脱落,形成"帽式"树冠。虫口密度较大时,甚至导致整株立木枯死。枝条受害后,易被细菌感染,在其嫩皮破口处长出瘤状物,严重影响立木的健康生长。一般在受害严重的树冠上会出现大量瘤状物,导致枝条大批死亡。

【防治措施】

① 营造混交林,在柏木纯林内补植其他阔叶树,给天敌创造适生环境。当年秋冬翻土破坏蛹室,致使害虫窒息或冻死。可利用幼虫老熟入土越夏越冬的习性,于秋冬在林内挖蛹,集中烧死。

② 在5月上旬产卵期间,采用人工摘除卵块或人工捕捉成虫,达到降低虫口密度的目的。

③ 将白僵菌、绿僵菌粉与低剂量的仿生制剂及菊酯类化学药剂复配制成药粉进行防治。不但能迅速降低树上的虫口种群数量,及时控制当年灾害,而且对杀死的下地幼虫,通过带菌入土,在土内长时间高湿环境中,绿僵菌继续感染致死入土幼虫,起到持续控制害虫种群作

用,降低来年虫口基数。

2. 瘿蜂科

(87) 栗瘿蜂(板栗瘿蜂) *Dryocosmus kuriphilus* Yasumatsu

【寄主植物】板栗、青冈等植物。
【分布区域】高梁镇、余家镇、弹子镇、长坪乡。
【主要形态特征】

成虫:体长 2.5～3.0mm,黄褐色至黑褐色,具金属光泽。触角丝状,14 节,柄节、梗节为黄褐色,鞭节褐色。前胸背板有 4 条纵线,小盾板钝三角形,向上突起。翅展 2.4mm,翅透明,翅面有细毛。足黄褐色,肘节末节及爪深褐色。

卵:乳白色,椭圆形,长 0.1～0.2mm,一端略膨大,一端有长 0.6mm 的细柄。

幼虫:乳白色,头部茶褐色,较尾部粗,近老熟时体黄白色,光滑无足,老熟幼虫长约 2mm,体可见 12 节。

蛹:长 2.5～3.0mm,乳白色,复眼红色,近羽化时,腹面略为白色,其他为黑褐色。

【发生规律】1 年发生 1 代,以初龄幼虫在芽组织形成的小室内越冬。次年 4 月上旬开始取食,被害芽受到刺激逐渐形成虫瘿。5—7 月化蛹,6 月上旬羽化,持续期 1 个月,成虫在瘿内羽化后停留 10～15 天,然后咬孔外出,飞翔力弱,无趋光性,不需补充营养。6 月中旬至 9 月下旬产卵。卵产于当年生枝条上部的新芽内,每芽最多产卵 15 粒。幼虫 8 月孵化,孵出后在芽的花、叶组织进行短期取食,随后形成不明显的虫瘿,并在瘿内越冬。

降雨量多及持续时间长,可使成虫羽化期推迟,并会使虫瘿组织含水量高,成虫在咬羽化孔时,往往被水浸湿死亡,已羽化出来的成虫也会因雨水浸渍大量死于树上。风能影响成虫的传播,多随羽化期的风向而顺风扩散。

栗瘿蜂的发生因栗树品种而异。一般实生栗受害重,嫁接栗次之。寄生性天敌对虫口数量有一定的抑制作用。

【防治措施】

①5 月底以前,幼虫、蛹和成虫均在虫瘿中,对新结果的幼林,可在 5 月底以前,摘除虫瘿。

②在受害严重的栗林,采取高强度修枝,除枝条茎部休眠芽外全部剪去。也可截去大枝,待其萌发新条,这样可以较彻底地清除虫患,2 年后栗林又可恢复结果。

③生物防治。栗瘿蜂的天敌主要有斑翅长尾小蜂、黄腹长尾小蜂、跳小蜂等。其中跳小蜂在枯瘿内越冬,可于 4 月上旬至 5 月寄生蜂产卵期间,摘除树上虫瘿,干燥保存,次年春将枯瘿放回栗园中,寄生蜂即可羽化飞出,再行寄生。

④药剂防治。6 月上旬至 7 月上旬,栗瘿蜂羽化且在瘿内停留期间,喷洒 2 次(隔 5～7 日)内吸性药剂,瘿内成虫死亡率可达 90%～97%,而对跳小蜂幼虫没有影响。

（六）鞘翅目

1. 花萤科

（88）华丽花萤 *Themus imperialis* Schiner

【寄主植物】伞形科植物。

【分布区域】分水林场。

【主要形态特征】体长20～23mm。头黑色，触角黑色，到端部逐渐变为黑褐色；前胸背板及腹面黄色；前胸背板盘区具1个蝶形大黑斑；小盾片、足、中胸及后胸腹面黑色；鞘翅蓝色；腹部各节中部黑色，两侧及后缘黄色。头近方形；触角第3节最短，是第2节长的2/3；前胸背板中部隆突，前缘具透明斑1列；鞘翅粗糙，披密毛；腹部第1节退化。雄性外生殖器侧叶基部宽，中部呈半圆形凹，端部窄，呈"V"形凹缺，尾片较细，阳茎较长，侧基突发达。

【发生规律】不详。

【防治措施】一般不做防治。

2. 犀金龟科

（89）双叉犀金龟（独角仙）*Allomyrina dichotoma*（Linnaeus）

【寄主植物】榆、桑、无花果等植物。

【分布区域】梨树乡。

【主要形态特征】成虫体长44～54mm，宽27～29mm。体色红褐色至黑褐色，被茸毛。头较小，唇基前缘侧端具齿突。小盾片三角形，具中纵沟。鞘翅肩凸、端凸发达，纵肋略可辨。足粗壮，前足胫节外缘具3齿。雌、雄异型。雄虫头部具一粗壮角突端部分叉，前胸背板中部具一端部分叉的角突。雌虫头部粗糙无角突，头顶横列3个小丘突。

【发生规律】1年发生1代，成虫通常在每年6—8月出现，昼伏夜出，黄昏开始活动，有趋光性。雄性多好斗，搏斗时会先上下晃动额角，收缩腹部发出"吱吱"声示威。幼虫多以朽木形成的腐殖质为食；成虫取食榆、桑、无花果等植物的嫩枝及瓜类的花，取食方式高度特化，先用铲状的上唇划破树皮，然后用毛刷状的舌舔舐树汁。

幼虫以朽木、腐殖土、发酵木屑、腐烂植物质为食，所以多栖居于树木的朽心、锯末木屑堆、肥料堆和垃圾堆，乃至草房的屋顶间。不为害作物和林木。幼虫期共蜕皮2次，历3龄，成熟幼虫体躯甚大，乳白色，约有鸡蛋大小，通常弯曲呈"C"形，幼虫期末体色焦黄。老熟幼虫在土中化蛹，化蛹前会将体内粪便排空，用粪便做蛹室。

【防治措施】生产上一般不做防治。

3.丽金龟科

(90)铜绿异丽金龟 *Anomala corpulenta* Motschulsky

【寄主植物】海棠、柳、榆、核桃等植物。

【分布区域】孙家镇、新田镇。

【主要形态特征】

成虫：成虫体长 24～30mm，宽 15～18mm。背面铜绿色，有光泽。前胸背板两侧具有黄褐色细边。鞘翅铜绿色，每翅各有隆起的纵线 3 条。腹部米黄色，有光泽，臀板三角形，常有 1 个近三角形黑斑。

卵：白色，初产为椭圆形，后逐渐变为球形，长 2mm 左右。

幼虫：体长约 40mm；头部暗黄色，体乳白色，常弯曲成"C"形，各体节多褶皱，腹部末端 3 节膨大，青黑色，肛门呈"一"字形横裂，在肛门周边散生多根刚毛，其中央有 15～18 对刚毛分 2 列相对横生。

蛹：椭圆形，长约 25mm，土黄色。

【发生规律】1 年发生 1 代，以 3 龄幼虫在土中越冬。翌年 4 月下旬化蛹，6—7 月成虫羽化出土危害，到 8 月下旬终止。成虫白天栖息于土块、根际、叶背或杂草丛中，多在傍晚飞出，具有较强的趋光性和假死性，成虫咬食榆、柳等林木的叶片补充营养。成虫 6 月中旬陆续产卵，卵多散产于疏松的土壤内，喜在未充分腐熟外露的有机肥上产卵。卵期 10 天；幼虫于 8 月出现，幼虫为蛴螬，是重要的地下害虫，在土中啃食多种果树、林木的根茎或根部皮层。11 月蛴螬进入越冬期。严冬和盛夏时期，地表温度过低或过高均会使幼虫向下深潜，而春、秋季节土表层温度适宜，幼虫向上移动为害，故春、秋两季是蛴螬每年危害的高峰期。

【防治措施】

①林业措施。圃地及时清除杂草，秋末大水冬灌，使用充分腐熟的有机肥作底肥，对虫口多的圃地，造林前先整地。圃地周围或苗间种蓖麻，对其有诱食毒害作用。

②人工捕杀。利用成虫假死性盛发期捕幼虫，幼虫在表土活动时，适时翻土。成虫羽化期用黑光灯诱杀。

③生物防治。保留圃的周围高大树木，招引鸟类；喷施日本金龟子芽孢杆菌，每亩用每克含有 10 亿个活孢子的菌粉 100g；翻地时使用白僵菌拌土。

④药剂防治。成虫盛发期喷施胃毒剂、触杀剂；幼虫用触杀剂、熏蒸剂拌细土撒施，撒后浅锄。苗木出土后发现蛴螬危害，打洞淋灌触杀剂、胃毒剂，离幼树 3～4cm 处，或床垄上每隔 20～30cm，用棒插洞，防家禽取食中毒。

4. 卷叶象科

(91) 棕长颈卷叶象 *Paratrachelophrous nodicornis*

【寄主植物】洋槐、油茶等植物。

【分布区域】双河口街道、铁峰山林场、分水林场。

【主要形态特征】成虫体色棕红。雄虫体长13mm左右,头部细长;雌虫体长8~11mm,体宽2.8mm左右,头部较雄虫短;触角前端膨大呈锤状,触角基部2节和端部3节黑色,中间几节为棕红色;复眼黑色,圆球状;头部与前胸交接处具黑色环圈;前胸背板红褐色,光滑;后胸腹面两侧各有1个椭圆形白斑;鞘翅棕红色,肩部具瘤突,有突起纵条纹;胸足红褐色,腿节粗圆,两端具黑斑,胫节前端具长刺1~2枚。

【发生规律】雌虫卷叶筑巢产卵,幼虫在巢内取食,成虫为害茶树叶片,在叶背面取食,咬食叶片呈黄褐色透明斑块或咬穿叶片呈圆孔状。警惕性强,具假死性。成虫出现于春至秋季,生活在低海拔山区。

【防治措施】生产上一般不做防治。

5. 锹甲科

(92) 扁锹甲 *Serrognathus titanus* (Saunders)

【寄主植物】柳属、香椿等。

【分布区域】武陵镇、分水林场、龙驹林场。

【主要形态特征】雄虫体长40~90mm。体色黑褐色,具光泽,体型稍扁,大型雄虫大颚发达,具齿状排列,小型则无。雌虫体型较小,翅鞘有光泽,头部具凹凸的刻点。

【发生规律】1年发生1代,幼虫在土中越冬,幼虫蛴螬式取食幼树和杂草根。4月下旬成虫开始出现,5月为盛期,雌雄比0.6。成虫白天隐蔽于杂草和土中,傍晚和晚上出来活动取食,以吸食树液或熟透的果实为主,具群集性和趋光性。

【防治措施】生产上一般不做防治。

6. 鳃金龟科

(93) 云斑鳃金龟 *Polyphylla albavicaria* Semenov

【寄主植物】马尾松、杨、榆等植物。

【分布区域】分水林场。

【主要形态特征】全体黑褐色,鞘翅布满不规则云斑,体长36~42mm,宽19~21mm。头部有粗刻点,密生淡黄褐色及白色鳞片。唇基横长方形,前缘及侧缘向上翘起。触角10节,雄虫柄节3节,鳃片部7节,鳃片长而弯曲,约为前胸背板长的1.5倍;雌虫柄节4节,鳃片部6节,鳃片短小,长度约为前胸背板的1/3。前胸背板宽大于长的2倍,表面有浅而密的不规则刻点,有3条散布淡黄褐色或白色鳞片群的纵带,形似"M"。小盾片半椭圆形,黑色,布有白色鳞片。胸部腹面密生黄褐色长毛。前足胫节外侧雄虫有2齿,雌虫有3齿。

【发生规律】3~4年发生1代,以幼虫在土中越冬。当春季土温回升10~20℃时,幼虫开始活动,6月间老熟幼虫在土深10cm左右作土室化蛹,7—8月间成虫羽化。成虫有趋光性,白天多静伏,黄昏时飞出活动,求偶、取食进行补充营养。产卵多在沿河沙荒地、林间空地等沙土腐殖质丰富的地段,每个雌虫产卵10多粒至数十粒。初孵幼虫以腐殖质及杂草须根为食,稍大后即能取食树根,对幼苗的根危害很大,使树势变弱,甚至死亡。

【防治措施】

①在苗圃地禁止施未腐熟的厩肥,及时清除杂草和适时灌水,破坏蛴螬适生环境,可减轻危害。

②当蛴螬在表土层活动时,适时翻土,随即拾虫;利用成虫趋光性强的特点,羽化期用黑光灯诱杀。

③土壤处理。播种前用3%呋喃丹颗粒剂或3%甲拌磷颗粒剂每亩15kg进行土壤杀虫处理。

④苗期蛴螬危害,可用50%辛硫磷乳油、40%甲基异柳磷、20%毒丝本400~600倍液,开沟或打孔灌注,效果良好。

7.天牛科

(94)松褐天牛 *Monochamus alternatus* Hope

【寄主植物】马尾松、冷杉、云杉、雪松、落叶松、刺柏等。

【分布区域】陈家坝街道、小周镇、大周镇、新乡镇、高峰镇、龙沙镇、武陵镇、瀼渡镇、甘宁镇、天城镇、熊家镇、高梁镇、李河镇、分水镇、长岭镇、白羊镇、龙驹镇、太龙镇、长滩镇、太安镇、郭村镇、溪口乡、长坪乡、梨树乡、铁峰山林场、分水林场、新田林场等。

【主要形态特征】

成虫:体长15.0~28.0mm。体橙黄色到赤褐色,鞘翅上饰有黑色与灰白色斑点。前胸背板有2条相当宽的橙黄色条纹,与3条黑色纵纹相间。小盾片密被橙黄色绒毛。每一鞘翅具5条纵纹,由正方形或长方形的黑色及灰白色绒毛斑点相间组成。触角棕栗色,雄虫第1、2节全部和第3节基部具有稀疏的灰白色绒毛;雌虫除末端2、3节外,其余各节大部被灰白毛,只留出末端一小环是深色。触角雄虫超过体长1倍多,雌虫约超出1/3,第3节比柄节约长1倍,并略长于第4节。前胸侧刺突较大,圆锥形。鞘翅末端近乎切平。

卵:长约4mm,乳白色,略呈镰刀形。

幼虫:乳白色,老熟时长约43mm。头黑褐色,前胸背板褐色,中央有波状横纹。

蛹:乳白色,圆筒形,长20~26mm。

【发生规律】成虫又是林区内松材线虫病的主要传播媒介,松树一旦感染此病,基本上无法挽救,可导致松林毁灭。1年发生1代。以老熟幼虫在木质部蛀道中越冬。在四川,越冬幼虫于翌年5月在虫道末端作蛹室化蛹。成虫羽化后咬破羽化孔飞出,啃食嫩枝、树皮补充营养,性成熟后,在树干基部或粗枝条的树皮上浅咬一眼状刻槽,将卵产于其中。幼虫孵化后蛀入韧皮部、木质部与边材,蛀成不规则的坑道,蛀屑大部分被推出堆积在树皮下。成虫具弱趋光性。

【防治措施】

①利用假死性人工捕杀成虫,以锤击卵或幼龄幼虫,钩杀幼虫。

②加强抚育管理,增强树势;适地适树,选育抗虫品种;进行多树种合理配置,根据不同目的树种,设置诱饵树(复叶槭、合作杨等)、高抗树种(新疆杨等)、免疫树种(白蜡、刺槐、臭椿等);剪除被害枝梢,防蛀入大枝,或早期伐除零星被害木;伐除严重被害木及时运出林外水浸或熏蒸。

③化学防治。

毒杀幼虫:毒签(磷化锌和草酸)或毒泥堵孔,或熏蒸剂注入虫孔,或用磷化铝片塞入虫孔熏;或用棉签蘸白僵菌和Bt(1∶1)插入虫孔。

树干涂白防止天牛产卵:石灰10kg,硫黄1kg,盐10g,水20～40kg。

成虫羽化后,使用触破式微胶囊剂如绿色威雷喷树干。

④保护天敌,招引啄木鸟。

(95)星天牛 *Anoplophora chinensis* (Forster)

【寄主植物】梧桐、枇杷、无花果、茶树、核桃、桑、木麻黄、楸、柽柳、桃、李、杨、柳、相思树、柑橘等。

【分布区域】牌楼街道、双河口街道、五桥街道、小周镇、大周镇、新乡镇、孙家镇、高峰镇、龙沙镇、响水镇、武陵镇、瀼渡镇、甘宁镇、天城镇、熊家镇、高梁镇、李河镇、分水镇、余家镇、后山镇、弹子镇、长岭镇、新田镇、白羊镇、龙驹镇、走马镇、罗田镇、太龙镇、长滩镇、太安镇、白土镇、郭村镇、柱山乡、铁峰乡、溪口乡、长坪乡、燕山乡、梨树乡、普子乡、地宝土家族乡、恒合土家族乡、黄柏乡、九池乡、茨竹乡、铁峰山林场、分水林场、新田林场、龙驹林场。

【主要形态特征】

成虫:漆黑色,具光泽,雄虫触角倍长于体,雌虫稍过体长。体翅黑色,每鞘翅有多个白点。体长50mm,头宽20mm。体长26～37mm,体色为亮黑色;前胸背板左右各有1个白点;翅鞘散生许多白点,白点大小个体差异颇大。

卵:长圆筒形。长5.6～5.8mm,宽2.9～3.1mm,中部稍弯,乳白色,孵化前暗褐色。

幼虫:老龄幼虫体长60～67mm,前胸背板前方两侧各有一黄褐色飞鸟形斑纹,后半部有一块同色的凸形大斑,微隆起。

蛹:长28～33mm,乳白色,羽化前黑褐色。

【发生规律】1年发生1代,以幼虫在树干基部或主根木质部蛀道内越冬。多数地区在次年4月化蛹,4月下旬至5月上旬成虫开始外出活动,5—6月为活动盛期,至8月下旬,个别地区至9月上、中旬仍有成虫出现。5—8月上旬产卵,以5月下旬至6月上旬产卵最盛。产卵25~32粒。低龄幼虫先在韧皮部和木质部间横向蛀食,3龄后蛀入木质部。10月中旬后幼虫越冬。

成虫飞出后,白天活动,以上午最为活跃。阴天或气温达33℃以上时多栖于树冠丛枝内或阴暗处。成虫补充营养时取食叶柄、叶片及小枝皮层,补充营养后2~3天交尾,成虫一生进行多次交尾和多次产卵。产卵前,成虫先用上颚咬1个椭圆形刻槽,然后把产卵管插入韧皮部与木质部之间产卵,每刻槽产卵1粒,产卵后分泌胶黏物封塞产卵孔;每产1粒卵,便在干皮上造成约1平方厘米的韧皮层坏死。

【防治措施】同松褐天牛。

(96)云斑白条天牛 *Batocera horsfieldi*（Hope）

【寄主植物】冬青、女贞、悬铃木、榆、柳、枫杨、乌桕、柑橘等。
【分布区域】甘宁镇、茨竹乡、分水林场。
【主要形态特征】

成虫:体长32~65mm,宽9~20mm,是中国产天牛中较大的一种。体黑褐色至黑色,密被灰白色至灰褐色绒毛。雄虫触角超过体长1/3,雌虫者略长于体,每节下沿都有许多细齿,雄虫从第3节起,每节的内端角并不特别膨大或突出。前胸背板中央有1对肾形白色或浅黄色毛斑,小盾片被白毛。鞘翅上具不规则的白色或浅黄色绒毛组成的云片状斑纹,一般列成2~3纵行,以外面一行数量居多,并延至翅端部。鞘翅基部1/4处有大小不等的瘤状颗粒,肩刺大而尖端微指向后上方。翅端略向内斜切,内端角短刺状。身体两侧由复眼后方至腹部末节有1条由白色绒毛组成的纵带。

卵:长椭圆形,乳白色至黄白色,长6~10mm。

幼虫:粗肥多皱,淡黄白色,体长70~80mm,前胸硬皮板淡棕色,略呈方形,并有大小不一的褐色颗粒,前方近中线处有2个黄白色小点,小点上各有1根刚毛。

蛹:淡黄白色,头部和胸部背面有稀疏的棕色刚毛,腹末锥状,尖端斜向后上方。

【发生规律】在四川、重庆2年发生1代。以幼虫和成虫在树干内越冬,越冬成虫翌年4月中旬开始飞出,5月成虫大量出现。雌虫喜在直径10~20cm的主干上产卵,刻槽圆形,大小如指头,中央有一小孔,每雌可产卵40粒左右,初孵幼虫蛀食韧皮部,受害处变黑胀裂,排出树液和虫粪,1月左右蛀入木质部为害,虫道长250mm左右。第1年以幼虫越冬,次年继续为害。至8月中旬化蛹,9月中、下旬羽化为成虫,即在蛹室内越冬。

【防治措施】同松褐天牛。

(97)桑天牛 *Apriona germari*（Hope）

【寄主植物】桑、无花果、山核桃、毛白杨、柳、刺槐、榆、构、朴、枫杨等植物。
【分布区域】新乡镇、孙家镇、甘宁镇、天城镇、九池乡、长岭镇、龙驹镇、柱山乡、地宝土家族乡。

【主要形态特征】

成虫：体黑褐色，密生暗黄色细绒毛；触角鞭状；第1、2节黑色，其余各节灰白色，端部黑色；鞘翅基部密生黑瘤突，肩角有黑刺1个。

卵：长椭圆形，稍弯曲，乳白或黄白色。

幼虫：老龄体长60mm，乳白色，头部黄褐色，前胸节特大，背板密生黄褐色短毛和赤褐色刻点，隐约可见"小"字形凹纹。

蛹：体初为淡黄色，后变黄褐色。

【发生规律】2~3年发生1代，以幼虫或即将孵化的卵在枝干内越冬，在寄主萌动后开始为害，落叶时休眠越冬。幼虫期初孵幼虫，先向上蛀食10mm左右，即掉头沿枝干木质部向下蛀食，逐渐深入心材，如植株矮小，下蛀可达根际。幼虫在蛀道内，每隔一定距离即向外咬一圆形排粪孔，粪便和木屑即由虫排粪孔向外排出。排泄孔径随幼虫增长而扩大，孔间距离自上而下逐渐增长，增长幅度因寄主植物而不同。幼虫老熟后，即沿蛀道上移，越过1~3个排泄孔，先咬出羽化孔的雏形，向外达树皮边缘，使树皮呈现臃肿或破裂，常使树液外流。此后，幼虫又回到蛀道内选择适当位置（一般距蛀道底70~120mm）作成蛹室，化蛹其中。

羽化后于蛹室内停5~7天后，咬孔化羽钻出，7—8月间为成虫发生期。成虫多晚间活动取食，以早晚较盛，经10~15天开始产卵。2~4年生枝上产卵较多，多选直径10~15mm的枝条的中部或基部，先将表皮咬成"U"形伤口，然后产卵于其中，每处产1粒卵，偶有4~5粒者。每雌虫可产卵100~150粒，产卵40余天。卵期10~15天，孵化后于韧皮部和木质部之间向枝条上方蛀食约1cm，然后蛀入木质部内向下蛀食，稍大即蛀入髓部。开始每蛀5~6cm长向外排粪孔，随虫体增长而排粪孔距离加大，小幼虫粪便为红褐色细绳状，大幼虫的粪便为锯屑状。幼虫一生蛀隧道长达2m左右，隧道内无粪便与木屑。

【防治措施】同松褐天牛。

(98) 光肩星天牛 *Anoplophora glabripennis* (Motschulsky)

【寄主植物】悬铃木、柳、杨等植物。

【分布区域】分水林场。

【主要形态特征】

成虫：体长17~39mm，漆黑色，带紫铜色光泽。前胸背板有皱纹和刻点，两侧各有1个脊状突起。翅鞘上有十几个白色斑纹，基部光滑，无瘤状颗粒。

卵：长5.5mm，长椭圆形，稍弯曲，乳白色；树皮下见到的卵粒多为淡黄褐色，略扁，近黄瓜子形。

幼虫：体长50~60mm，乳白色，无足，前胸背板有凸形纹。

蛹：体长30mm，裸蛹，黄白色。

【发生规律】1年发生1代，或2年发生1代。以幼虫或卵越冬。来年4月气温上升到10℃以上时，越冬幼虫开始活动为害。5月上旬至6月下旬为幼虫化蛹期。从做蛹室至羽化为成虫共经41天左右。6月上旬开始出现成虫，盛期在6月下旬至7月下旬，直到10月都有成虫活动。

幼虫蛀食树干,为害轻的降低木材质量,严重的能引起树木枯梢和风折;成虫咬食树叶或小树枝皮和木质部,飞翔力不强,白天躲在树干上交尾。雌虫产卵前先将树皮啃一个小槽,在槽内凿一产卵孔,然后在每一槽内产一粒卵(也有两粒的),一头雌成虫一般产卵30粒左右。刻槽的部位多在3~6cm粗的树干上,尤其是侧枝集中,分枝很多的部位最多,树越大,刻槽的部位越高。初孵化幼虫先在树皮和木质部之间取食,25~30天以后开始蛀入木质部;并且向上方蛀食。虫道一般长90mm,最长的达150mm。幼虫蛀入木质部以后,还经常回到木质部的外边,取食边材和韧皮。

【防治措施】同松褐天牛。

(99)瘤胸簇天牛 *Aristobia hispida* (Sauders)

【寄主植物】漆树、杉类、柏木、柳、南岭黄檀、板栗、胡枝子、核桃、牛肋巴、油桐、桑树、紫穗槐等植物。

【分布区域】新田镇。

【主要形态特征】

成虫:体长23~35mm,宽8~15mm。青黑色,全体密被棕红色绒毛,并杂有黑白色毛斑。头部较平,额微突,复眼与上颚青黑色;触角12节,黑褐色,端部5节密被棕黄色绒毛。胸部背板有9~13个小瘤组成堆状突起,前胸两侧各有一尖锐刺突,小盾片三角形,长大于宽,上被绒毛。鞘翅基部有颗粒,翅末端凹进,外端角突出很明显,内端角较钝圆,腹部末端具黑色短丛毛。

卵:长5mm,宽3mm,长椭圆形,略弯曲,一端钝,一端尖;粉白色。

幼虫:老熟幼虫体长38~45mm,头宽3~4mm,扁圆筒形,黄白色。头部、腹末与体侧着生黄褐色细毛。前胸背板黄褐色,中央有凸形刻纹1个,前胸腹板刻纹半圆形。从腹部第1节至腹末有一黑灰色背线。

蛹:黄褐色,头、口器胸部具红棕色绒毛。

【发生规律】1年发生1代,以幼虫在干茎木质部隧道中越冬,少数以蛹越冬。成虫喜以1~3年生枝条的嫩皮作补充营养,从上向下啃食,日取食量1~3g树皮。交尾时间长短不一,在交尾时没有其他天牛干扰一般进行50~120分钟,从清晨到夜晚均有交尾现象发生,但多数在8—16时。交尾后即用口器将枝、干咬一伤口,大约2mm深,呈"V"字形。尔后将产卵器插入,一般产卵1粒,多的4粒,如再交尾就再产卵。产卵量一般为11~16粒。每产1粒卵即排泄一些黄褐色黏液把卵覆盖。成虫寿命平均为43天,多者达63天。卵多产于离地面0.5m以下的树干上,卵历期一般25~33天。幼虫孵化后开始取食寄主树的韧皮部与木质部的表层,大约1个月后钻入木质部的深层为害。虫道长达32~65cm,宽为3cm,每条虫道常有几个外相通的排粪孔,从孔中排出粪便与木屑,虫道不规则。幼虫历期150~170天。

【防治措施】

①加强管理,于整形修枝时,剪除有虫枝条,销毁。每年3—4月用涂白剂(石灰5kg,加硫

黄 0.5kg，水 20kg 拌成浆状物)刷在茎干 1m 高处，2 个月后再刷一次，可预防成虫把卵产在树干上。

②4—9 月成虫多在枝条上啃食树皮，用竿一触即掉，易于捕杀。

③药剂防治。用棉花蘸上 5%硫胺乳剂或 5%杀螟松乳剂 40 倍液，塞入孔内，再用泥封住；或用商品毒签塞孔，以毒杀幼虫。

(100)楝星天牛 *Anoplophora horsfieidi* (Hope)

【寄主植物】楝树、朴树。

【分布区域】梨树乡。

【主要形态特征】成虫：体长 31～40mm，宽 12～15.5mm。底色漆黑，光亮。鞘翅毛斑很大，排成 4 横行，计每翅前两行各 2 块，第 3 行有时合并为一，第 4 行即端行 1 块，在第 3、4 行间靠中缝处，有时另有 1 个小斑。腹面中，后胸腹板及腹部各节两侧均有斑纹，斑面大小不等，颇有变异，腹面中央的窄直纹，足基节周围，腹部外侧缘则为固定的黑色。一般自第 3～10 节每节半白半黑。足被稀疏灰色细毛，跗节较密，呈灰白色。

【发生规律】不详。

【防治措施】同松褐天牛。

(101)橙斑白条天牛 *Batocera davidis* Deyrolle

【寄主植物】板栗、油桐。

【分布区域】双河口街道。

【主要形态特征】体长 45～68mm，宽 12～22mm。黑褐色至黑色，有时鞘翅肩后棕褐，被稀疏的青灰色细毛，体腹面被灰褐色细长毛。头具细密刻点，额区有粗刻点；雄虫触角超出体长 1/3，下面有许多粗糙棘突，自第 3 节起各节端部略膨大，内侧突出，以第 9 节突出最长，呈刺状；雌虫触角较体略长，有较稀疏的小棘突。前胸背板侧刺突细长，尖端向后弯；背面两侧稍有皱纹。触角自第 3 节起的各节为棕红色，基部 4 节光滑，其余节被灰色毛。前胸背板中央有 1 对橙黄色肾形斑；小盾片密生白毛。鞘翅肩具短刺，外缘角钝圆，缝角呈短刺；基部具光滑颗粒，翅面具细刻点。每鞘翅有几个大小不等的近圆形橙黄色斑。

【发生规律】3 年发生 1 代，以幼虫和成虫越冬。成虫于 5—6 月间飞出，补充营养后在树干根颈部咬一扁圆形刻槽，产卵其中。幼虫在韧皮部蛀食，虫道不规则，并逐渐深入木质部为害。被害树木生长衰弱，甚至枯死。

【防治措施】同松褐天牛。

(102)眼斑齿胫天牛 *Paraleprodera diophthalma* (Paseoe)

【寄主植物】板栗、栎属植物。

【分布区域】分水林场。

【主要形态特征】成虫体长约 20mm，头部触角基瘤突出；触角较体长，基部数节下缘有短缨毛,柄节较长,端疤发达完整,第3节长于柄节或第4节。每鞘翅基部中央有1个眼状斑,该斑中间有7~8个光亮的颗粒,周围有一圈黑褐色绒毛;翅面中部外侧有1条大型近半圆形深咖啡色斑纹,并镶有黑边。

【发生规律】不详。

【防治措施】生产上一般不做防治。

(103)苎麻双脊天牛 Paraglenea fortuoei (Sauders)

【寄主植物】苎麻、木槿、樟树、桑等植物。

【分布区域】走马镇。

【主要形态特征】体长9.5~17mm,体宽3.5~6.2mm。体密被淡色绒毛,从淡草绿色至淡蓝色,并饰有黑色斑纹。头淡色,头顶黑色,有时扩大,遍及头面全部;前胸背板淡色,中区两侧各有1圆形黑斑。触角黑色,较体略长,基部3节或4节被草绿色或淡蓝色绒毛。前胸背板无侧刺突。每鞘翅有3个大黑斑,分别位于基部,中部之前及端部1/3;前面2个显然由两斑点合并组成,靠外侧的中间常留出淡色小斑;第2、3斑沿外侧由1条黑纵斑相连;翅端淡色。由于鞘翅淡黑两色的变异很大,形成不同的花斑型,有时各斑或多或少缩小或褪色,甚至完全消失,有时鞘翅全部黑色,仅留中间1条淡色横斑及端缘淡色。体腹面有淡灰色竖毛。鞘翅末端钝圆,肩下有1条隆脊线。

【发生规律】成虫活动季节在5—7月,成虫会取食苎麻的叶片,有时可以在苎麻植株上发现许多活动的个体,幼虫亦以苎麻为寄主植物。

【防治措施】生产上一般不做防治。

(104)黑角伞花天牛 Corymbia succedanea (Lewis,1879)

【寄主植物】马尾松。

【分布区域】分水林场。

【主要形态特征】雌成虫体长18~20mm,体宽5~6mm。体黑色,前胸背板、鞘翅红色,腿节内侧、胫节有时红褐色。头短小;额横扁,中沟明显,直到头顶后缘;唇基狭,倒梯形;上唇小,横椭圆形。雄成虫体长12~16mm,体宽3.5~5mm。一般体型较瘦小,触角伸到翅端前方1/6左右,5~10节外端突出较明显,第5腹节端缘宽平截,两侧角尖突。触角较细,第3~11节粗细相仿,长伸过鞘翅中部,柄节与第3、5节约等长,稍长于第4节,第4节与第6节或第7节约等长,第8~11节稍短,第5~10节外端角突出,略呈锯齿状。复眼内缘中部凹陷,着生触角基瘤;头部均被灰黄色细毛,颊刻点细密,头顶、后头刻点较粗;前胸背板宽胜于长,背中央有1条不明显的无刻点的纵线,后端达三角形的深陷,背板表面密布细刻点和灰白色细短柔毛。小盾片呈三角形,较宽,密被灰黄毛。

【发生规律】不详。

【防治措施】同松褐天牛。

8. 铁甲科

(105) 狭叶掌铁甲 *Platypria alces* Cressitt

【寄主植物】刺槐。

【分布区域】孙家镇、白土镇、恒合土家族乡、龙驹林场。

【主要形态特征】成虫体长 4.5～5.6mm,体宽 2.5～3mm。头短,较前胸前缘略宽;头顶两眼间几乎呈方形,被毛短细,不甚明显,中线凹下极显,后缘正中具一黑斑,极显或不显。触角长约为体长的 2/3 或稍短,基部两节色稍深,端部数节稍粗,被黄色密毛。前胸侧叶狭长,略斜向上,叶端具刺 6 个,第 1 刺极短小,位于叶基,向内或稍向后指;中间 4 刺均细长,约相等;第 5 刺较横平,其后缘远较前缘为长;第 6 刺短小。小盾片基部宽,端部狭圆,中间凹陷。鞘翅长形,具光泽,肩部突出,密被竖毛,刻点 10 行。鞘翅边缘敞出,前后扩大成叶状,前叶大,具 5 刺,后叶狭,具 3 刺。

【发生规律】不详。

【防治措施】生产上一般不做防治。

9. 伪叶甲科

(106) 普通角伪叶甲(普通伪叶甲) *Cerogria popularis* Borchmann

【寄主植物】洋槐、苹果、漆树、核桃、马尾松、黄杨、栎类。

【分布区域】走马镇、龙驹林场。

【主要形态特征】成虫体长 14.4～18mm。黑色,鞘翅有金绿色至紫铜色的光泽,前胸背板多有紫绿色光泽;背面被直立的白色长毛。头粗,长略大于宽,略窄于前胸,刻点密集;复眼长,前缘深凹陷,眼间距甚宽于复眼横径;触角近伸达鞘翅中部,基节甚粗壮,甚长于第 2、3 节之和。前胸背板面刻点稀少,两侧粗压密,基半部背面两侧有横压痕,中域前方两侧有小圆坑;基半部收缩,前后缘清晰,后角突出。鞘翅刻点间区 1～2 个刻点直径,两侧甚密,基部有浅的横压痕,翅缝两侧微隆起;肩角稍隆起;鞘翅饰边肩部不可见;缘折在后胸后缘处向后明显变窄。中足后节胫节内缘有齿。

【发生规律】不详。

【防治措施】生产上一般不做防治。

10. 象虫科

(107) 松瘤象 *Hyposipalus gigas* Fabricius

【寄主植物】马尾松。

一、害虫类

【分布区域】恒合土家族乡、分水林场。

【主要形态特征】

成虫:体长15～25mm。体壁坚硬,黑色,具黑褐色斑纹。头部呈小半球状,散布稀疏刻点;喙较长,向下弯曲,基部1/3较粗,灰褐色,粗糙无光泽,端部2/3平滑,黑色具光泽。触角沟位于喙的腹面,基部位于喙基部1/3处。前胸背板长大于宽,具粗大的瘤状突起,中央有1条光滑纵纹。小盾片极小。鞘翅基部比前胸基部宽,鞘翅行间具稀疏、交互着生的小瘤突。足胫节末端有1个锐钩。

卵:长3～4mm,白色,产于树皮裂缝中。

幼虫:老熟时体长8～27mm,乳白色,肥大肉质;头部黄褐色,足退化,腹末有棘状突3对;胴部弯曲,中部数节尤为肥壮,弯曲似菱形。

蛹:体长15～25mm,乳白色,腹末有二向下尾状突。

【发生规律】该虫在重庆1年发生1代,以幼虫在木质部坑道内越冬。翌年5月上旬开始化蛹,5月中旬为化蛹盛期,蛹期15～25天,5月下旬初始见成虫,6月上旬为羽化盛期。成虫羽化后需8～11天时间补充营养,在6月上旬始见产卵痕,6月中旬为产卵盛期。卵期12天左右,在6月末始见初孵幼虫,7月上旬为幼虫孵化高峰期。幼虫孵化后即蛀食韧皮部和木质部表层,以后逐渐向木质部为害,可穿蛀于心材部分,蛀屑白色颗粒状,量大,排出后堆积在被害材外面,以中、老熟幼虫越冬。

【防治措施】

①灯光诱杀。利用成虫具有较强趋光性的特性,在成虫期设置黑光灯等诱杀成虫,可有效降低虫口密度,减轻危害。

②人工拔除受害木。对受松瘤象危害的树木实行全面锯伐,伐桩不高于5cm;将伐除的树木运出林区于空阔地集中烧毁;对伐桩先用刀砍"十"字形,"十"字达2cm以上,再用药液1:20的虫线清水溶液喷淋,每伐桩10mL,最后用白色塑料袋罩住伐桩,防止药液挥发。

③加强检疫。在现场检验马尾松伐倒木或板材时,应观察是否有蛀孔、蛀道、蛹室。由于松瘤象幼虫个体大,成虫特征明显,较易辨认,当发现感染时,应用磷化铝片剂或溴甲烷15～20g/m³密闭熏蒸24h以上处理,防止人为携带该虫的扩散传播。

(108) 中国癞象(中华癞象) *Episomus chinensis* Faust

【寄主植物】桑属、榆属。

【分布区域】孙家镇、分水林场、龙驹林场。

【主要形态特征】体长13～16mm,高度隆凸。身体两侧,前胸中间,翅坡均白色。前胸两侧的纵纹及其延长至头部和鞘翅基部的条纹,中后足的大部分,触角索节的大部分和棒均暗褐色或红褐色,鞘翅其余部分为褐色至红褐色。头和喙有深而宽的中沟,喙长大于宽,中沟两侧各有1条亚边沟,喙和额在眼前被深的横沟分开。触角索节2略长于索节1,索节3长于索节4,索节4～6长宽相等,略短于棒,棒卵形,端部略尖;眼很突出,头在眼后缩窄。鞘翅高度隆凸,外缘无切口,翅坡较倾斜,肩胝扁,往往向外突出为小瘤,奇数行间高于偶数行间,3、5行间在中间前各有1瘤,7行间的瘤最大,这3个瘤之后各有1排小突起;行纹宽近于行间宽,刻点大而深;翅坡端部缩成水平的锐突。

【发生规律】1年发生1代或2年发生1代两种类型。前者成虫8—9月出土产卵,幼虫孵化后入土为害,以幼虫越冬,翌年5月化蛹,6月羽化,又于8月、9月出土产卵,完成1个世代。如四川三台属这个类型。2年发生1代的成虫于4—5月出土产卵,幼虫孵化后入土为害,当年以幼虫越冬,翌年6月化蛹羽化,成虫在土下进行二次越冬,第3年4月、5月才出土为害,完成1个世代,有些地方这两种情况都有。这样一年就出现两次成虫出土高峰。4月、5月出土的成虫经数月才取食;6—9月出土的很快就上树,在枝叶上取食叶片。交配后把卵产在树干下杂草上或桑叶上,每卵块有卵5~27粒,呈单层双行排列,每雌虫一生最多可产卵2962粒,平均为514粒,卵期13~15天。幼虫孵化后钻入土中在根部取食,幼虫期约30天。雨后成虫出土多。天敌主要有棕背伯劳(鸟)、螳螂、啮小蜂等。

【防治措施】生产上一般不做防治。

11. 叶甲科

(109)蓝尾迷萤叶甲 *Mimastra unicitarsis* Laboissiere

【寄主植物】榆、桑、梧桐。

【分布区域】龙沙镇、李河镇、新田镇、白羊镇、走马镇、燕山乡、普子乡。

【主要形态特征】

成虫:体长8~12mm,体黄色或尾端呈蓝黑色,长椭圆形,头顶黄色,头顶后缘具黑色"山"字形斑纹和中缝线1条。触角11节,丝状,基部黄色,上端黄褐色。前胸背板长方形,有4团黄褐色斑,后方正中呈三角形浅陷。鞘翅金黄色或后端为蓝黑色,其上布满刻点,后翅浅黄色膜质。足基节短粗,跗节2节扁平。腹部黑色。

卵:长0.7~1mm,球形至椭圆形,黄色。

幼虫:末龄幼虫体长10mm,圆筒形,土黄色,尾端肥大弯曲。头部黑色,胸部、腹部土黄色,前胸、腹部末端的臀板黑色具光泽,胸腹各节有7~8对深褐色疣状凸起和3对黑色胸足。

蛹:裸蛹长8mm,鲜黄色。翅芽达4腹节。背面黑褐色,有很多枕状凸起和刚毛。

【发生规律】1年发生1代,以老熟幼虫在土中越冬。江苏、浙江于4月上旬化蛹,5月中旬羽化,6月上旬开始产卵,7月中旬孵化,10月上旬陆续入土越冬。四川2月下旬化蛹,3月下旬至4月中旬羽化。3月中旬前后先在榆树、椿树、梧桐、沙桐等树枝上为害,后迁飞到桑树上为害,桑树上长出8~9片叶子时,受害最重。5月开始产卵,6月初孵化,11月后陆续入土越冬。该成虫有假死性和群集性,飞翔力强,借风力传播。但早、晚及晨露未干时,飞翔力弱。一般受惊扰时仅飞1~2米,有的展翅远飞而去,喜在上午9时交尾。每雌可经过多次交配,每次1小时,产卵期30天左右。产卵后5~15天雌虫死去。卵多产在土表或土块的裂缝中,每雌卵量171粒,卵经月余即孵化。幼虫多在土表活动,食害杂草

一、害虫类

或青叶。10月底以后陆续入土2~3cm处筑土室。幼虫在土室中越冬,翌年2—3月才化蛹,蛹期25~28天。3—4月羽化后经2天才出土,刚出土先在草上爬行,后飞往树上。春暖的年份该虫发生早且多,丘陵地较平原水地多。天敌有茶翅蝽,成、若虫刺吸黄叶虫体液致死。

【防治措施】

①利用该成虫假死性和密集为害习性,对低中干桑树,在清晨露水未干前振动桑枝,使叶甲落入备好的盛有肥皂或洗衣粉水的脸盆或盛石灰的簸箕中。

②夏伐时留少量枝条,不采桑叶也不剪,用来诱虫。

③晨露未干时喷洒80%敌敌畏乳油1000倍液或90%晶体敌百虫1000倍液、40%乐果乳油1000倍液。

④10月中旬3龄幼虫集中在苔藓上取食时,喷洒50%辛硫磷乳油或50%杀螟松乳油1000~2000倍液、25%爱卡士乳油1500倍液,防效90%以上。

(110) 核桃扁叶甲 *Gastrolina depressa* Baly

【寄主植物】胡桃、枫杨。

【分布区域】罗田镇、普子乡。

【主要形态特征】

成虫:体长5~7mm。体形长方,背面扁平。前胸背板淡棕黄色,头鞘翅蓝黑色,触角、足全部黑色。腹部暗棕色,外侧缘和端缘棕黄色,头小,中央凹陷,刻点粗密,触角短,端部粗,节长约与端宽相等,前胸背板宽约为中长的2.5倍,基部显较鞘翅为窄,侧缘基部直,中部之前略弧弯,盘区两侧高峰点粗密,中部明显细弱。鞘翅每侧有3条纵肋,各足跗节于爪节基部腹面呈齿状突出。

卵:长1.5~2.0mm。长椭圆形,橙黄色,顶端稍尖。

幼虫:老熟幼虫体长8~10mm。污白色,头和足黑色。胴部具暗斑和瘤起。

蛹:体长6~7.6mm,浅黑色,体有瘤起。

【发生规律】1年发生1代,以成虫在枯枝落叶层、树皮缝内越冬。翌年4月下旬越冬成虫开始活动,5月上旬成虫开始产卵,5月中旬幼虫孵化,6月上旬老熟幼虫化蛹,6月中旬为新1代成虫羽化盛期,10月中旬成虫开始越冬。

越冬成虫开始活动后,以刚萌出的核桃楸叶片补充营养,并进行交尾产卵。雌雄成虫有多次交尾和产卵的习性。每雌产卵量为90~120粒,最高达167粒。卵呈块状,多产于叶背,也有产在枝条上。新羽化成虫多于早晚活动取食,活动一段时间后,于6月下旬开始越夏,至8月下旬才又上树取食。成虫不善飞翔,有假死性,无趋光性。成虫寿命年均320~350天。雌雄性比近1:1。

初孵幼虫有群集性,食量较小,仅食叶肉。幼虫进入3龄后食量大增并开始分散为害,此时不仅取食叶肉,当食料缺乏时,也取食叶脉,甚至叶柄。残存的叶脉、叶柄呈黑色进而枯死。幼虫老熟后多群集于叶背呈悬蛹状化蛹。

【防治措施】

①利用产卵、幼虫期的群集性人工摘除虫叶,集中烧毁;利用成虫的假死性,人工振落捕杀。

②成、幼虫在树上取食期,尤其越冬幼虫初上树活动取食期,喷洒80%敌敌畏乳油或90%敌百虫晶体1000~2000倍液;2.5%溴氰菊酯乳油8000~10 000倍液;40%氧化乐果乳油2000倍液。在郁闭度较大的林分也可施放烟剂。

③越冬成虫上树前,或新羽化成虫越夏上树前,用毒笔、毒绳等涂扎于树干基部,以阻杀爬经毒环、毒绳的成虫。

④保护和利用天敌。如猎蝽、奇变瓢虫等。

(111) 黄足黑守瓜 Aulacophora lewisii Baly

【寄主植物】葫芦科植物。

【分布区域】熊家镇、走马镇、新田林场。

【主要形态特征】

成虫:体长5.5~7mm,宽3~4mm。全身仅鞘翅、复眼和上颚顶端黑色,其余部分均呈橙黄色或橙红色。

卵:黄色,球形,表面有网状皱纹。

幼虫:黄褐色,腹胴部各节均有明显瘤突,上生刚毛。

蛹:灰黄色,头顶、前胸及腹节均有刺毛,腹部末端左右具指状突起,上附刺毛3~4根。

【发生规律】成虫昼间交尾,喜在湿润表土中产卵,卵散产或堆产,每雌虫可产卵4~7次,每次约30粒。卵期10~25天,幼虫孵化后随即潜入土中为害植株细根,3龄以后为害主根。幼虫期19~38天,蛹期12~22天,老熟幼虫在根际附近筑土室化蛹。成虫行动活泼,遇惊即飞,稍有假死性,但不易捕捉。喜湿好热,成虫耐热性强、抗寒力差,南方地区发生较重。

以成虫在避风向阳的杂草、落叶及土壤缝隙间潜伏越冬。翌春当土温达10℃时,开始出来活动,在杂草及其他作物上取食,再迁移到瓜地为害瓜苗。在1年发生1代区域越冬成虫5—8月产卵,6—8月是幼虫危害高峰期。8月成虫羽化后危害秋季瓜菜,10—11月逐渐进入越冬场所。

【防治措施】

于成虫发生期,选用10%氯氰菊酯乳油,5%顺式氯氰菊酯乳油喷雾。防成虫还可用90%敌百虫乳油1000倍液,或20%氰戊菊酯乳油2000倍液,或10%氯氰菊酯乳油2000倍液。防幼虫用90%敌百虫乳油1500倍液,或50%辛硫磷乳油2500倍液灌根。

(112) 二纹柱萤叶甲 Gallerucida bifasciata Motschulsky

【寄主植物】荞麦属。

【分布区域】孙家镇。

【主要形态特征】成虫体长7~8.5mm。体黑褐色至黑色,触角有时红褐色;鞘翅黄色,黄褐色或橘黄色,具黑色斑纹,基部有2个斑点,中部之前具不规则的横带,未达翅缝和外缘,有时伸达翅缝,侧缘另具1小斑;中部之后1横排有3个长形斑;末端具1个近圆形斑。头顶微凸,具较密细刻点和皱纹。雄虫触角较长,伸达鞘翅中部之后,第2、3节较短,第3节略长于第2节,第4节微短于第2、3节之和的2倍,第4～10节每节末端向一侧膨宽呈锯齿状,第5～7节约等长,微短于第4节;雌虫触角较短,伸至鞘翅中部,第3节明显长于第2节,第4节稍长于第2、3节之和,末端数节略膨粗,呈锯齿状。前胸背板宽为长的2倍,两侧缘稍圆,前缘明显凹挂,基缘略凸,前角向前伸突;表面微隆,中部两侧有浅凹,有时不明显,以粗大刻点为主,间有少量细小刻点。小盾片舌形,具细刻点。鞘翅表面具2种刻点,粗大刻点较稀,呈纵行,之间有较密细小刻点。中足之间后胸腹板突较小。

【发生规律】1年发生1代,以成虫越冬,翌年4月上旬开始活动,5月中旬产卵,6月上旬幼虫孵化,6月中旬老熟幼虫入土化蛹,7月上旬羽化出土活动至8月下旬开始越冬。

【防治措施】

①秋末及时清除枯枝落叶和杂草,及时烧毁或深埋,以消灭越冬卵。

②利用其假死性,振落捕杀成虫及幼虫,尤其要注意捕杀群集在下部叶片上的小幼虫。

③必要时,喷洒80%敌敌畏乳油1000倍液或25%喹硫磷乳油1500倍液、20%氯马乳油2000倍液、5%氯氰菊酯乳油3000倍液、2.5%功夫乳油3000倍液、30%桃小灵乳油2500倍液、10%天王星乳油6000～8000倍液。

(113)十星瓢萤叶甲 *Oides decempunctata* (Billberg)

【寄主植物】葡萄、野葡萄、五敛莓等葡萄科植物。

【分布区域】新乡镇、武陵镇、新田镇、白羊镇。

【主要形态特征】

成虫:体长约12mm,椭圆形,土黄色。头小,隐于前胸下;复眼黑色;触角淡黄色丝状,末端3节及第4节端部黑褐色;前胸背板及鞘翅上布有细点刻,鞘翅宽大,共有黑色圆斑10个略成3横列。足淡黄色,前足小,中、后足大。后胸及第1～4腹节的腹板两侧各具近圆形黑点1个。成虫会分泌一种黄色液体,有恶臭,借以逃避敌害。

卵:椭圆形,长约1mm,表面具不规则小突起,初草绿色,后变黄褐色。

幼虫:体长12～15mm,长椭圆形略扁,土黄色。头小、胸足3对较小,除前胸及尾节外,各节背面均具2横列黑斑,中、后胸每列各4个,腹部前列4个,后列6个。除尾节外,各节两侧具3个肉质突起,顶端黑褐色。

蛹:金黄色,体长9～12mm,腹部两侧具齿状突起。

【发生规律】在分布区内,主要1年发生1代,但南方有2代的记载。成虫及幼虫均取食叶片,使叶片呈孔洞或缺刻状,或将叶片吃光只留叶脉。幼虫老熟后钻入土中筑室化蛹。成虫羽化后迁至寄主为害。主要取食葡萄、野葡萄、五敛莓等葡萄科植物。以卵在枯枝落叶层下过冬,卵黏结成块状,于次年5—6月间孵化。

【防治措施】同二纹柱萤叶甲。

（七）同翅目

1. 斑蚜科

（114）竹蚜 *Astegopteryx bambusae*（Budkton）

【寄主植物】竹类。

【分布区域】小周镇、大周镇、响水镇、熊家镇、高梁镇、新田镇、白羊镇、黄柏乡。竹蚜是竹类的重要害虫之一，以成蚜、若蚜聚集在竹叶、嫩梢、幼叶上危害，尤以幼竹为重，影响植株正常生长和观赏价值。

【主要形态特征】有翅孤雌竹蚜体长 2.0~2.5mm，长卵圆形，体色分 2 种类型，一种为全绿色，另一种头、胸淡褐色，腹部绿褐色。体表光滑，喙极短，中额和额瘤稍突起，触角黑色细长，有微刺横瓦纹，腹部无斑纹，腹管短呈筒状，尾片瘤状，灰色，尾板黑色，分二片，每片具有粗短刚毛 10~12 根。

【发生规律】1 年发生 10 多代，每年 3 月中、下旬发生，4—5 月为繁殖盛期，危害最严重；6—7 月，受高温影响，数量明显下降；但生长在阴处，竹株较密集，虫口密度依然较高；9—10 月天气转凉，虫口密度明显上升。

【防治措施】
①营林防治：合理修剪，保持竹株通风透光，可减轻危害。
②药剂防治：可喷施 2.5% 溴氰菊酯乳油 3000~4000 倍液，或 50% 抗蚜威可湿性粉剂 8000 倍液，或 10% 蚜虱净超微可湿性粉剂 3000~5000 倍液。
③生物防治：保护和利用天敌昆虫，例如黑带食蚜蝇、丽草蛉等。

2. 扁蚜科

（115）居竹伪角蚜（竹茎扁蚜）*Pseudoregma bambusicola*（Takahashi）

【寄主植物】慈竹。

【分布区域】孙家镇、分水镇、白羊镇、太龙镇、太安镇。

【主要形态特征】
无翅孤雌成虫：体椭圆形，长 3.3mm，宽 2mm 左右。黑褐色，体被白色蜡粉。触角 4~5 节，喙粗短，不达中足基部，腹管位于有毛的圆锥体上，环状，围绕腹管有长毛 4~9 根。尾片半月状,微有刺突,有长毛6～16根。尾板分裂为两片,有长毛16～34根。

有翅孤雌成虫:长椭圆形,体长约3mm,宽1.6mm左右,触角5节。腹管退化为一圆孔;前翅中脉分2岔,基段消失,2肘脉共柄。

【发生规律】竹茎扁蚜成虫不善活动,基本上固定为害,而1龄若蚜体小,但其后足特长,行动迅速。因此,在每年4—5月和8—9月这两段时期,其迁移扩散主要在1龄若蚜期进行。以孤雌蚜在孝顺竹箨的基段越冬。翌年2月开始活动,到4月上、中旬竹笋枝芽开始萌发,无翅型孤雌蚜也开始迁移、扩散,爬到嫩芽、枝上为害;到5月上、中旬蚜量达顶峰;5月下旬至7月上旬蚜量下降,7月中旬开始出新笋,又迁移到新笋上危害;9月,新笋一般长高达30cm以上,蚜量大增,达全年第二次高峰。

【防治措施】同竹蚜。

(116)杭州新胸蚜 *Neothoracaphis hangzhouensis* Zhang

【寄主植物】蚊母树。

【分布区域】双河口街道。

【主要形态特征】

有翅孤雌蚜:头胸黑色,体灰褐色,翅平覆体背,额瘤不明显。无翅孤雌蚜1龄时体扁,灰黑色,蜕皮后体变为嫩黄色。

体长卵形,长1.6mm,头、胸黑色,体黑灰色,触角粗短,5节,尾片末端圆形,有横行微刺,短毛6～9根;前翅中脉较淡,分有3岔,后翅肘脉2根。

干母:嫩黄色,初孵若虫体扁平,近透明,仅足基部、腿节和胫节连接处稍深色。复眼红色,腹部比较小,体侧有6对以上较长毛。干母经两次蜕皮后体形变为半球形,饱满,腹膜两侧出现白色蜡丝;触角粗短,长0.16mm,第3节端部明显变细,鞭节端部有毛2～3根;第3节、第4节各有原生感觉圈1个,缺次生感觉圈,复眼由3个小眼组成。尾片末端圆形,有毛8根,左右对称。

卵:椭圆形,浅灰色。

【发生规律】每年11月侨蚜迁回蚊母上产生孤雌胎生有性蚜,有性蚜觅偶交配产卵在叶芽内,在蚊母蚜萌动时,卵孵化为干母,刺吸新叶,被害处产生凹陷,将干母包埋,形成瘿瘤;6月上旬,瘿瘤破裂,有翅迁飞蚜飞出,迁往越夏寄主。

【防治措施】

①注意施肥,合理浇水,适时修剪。少量为害,可于5月前摘除受害严重的叶片,集中烧毁。

②保护天敌。主要天敌有中华草蛉、中华螳螂、蜘蛛、蜻蜓、红缘瓢虫、异色瓢虫、蚜茧蜂、食蚜蝇、食蚜虻、蚜小蜂、微小花蝽等天敌。

③药剂防治。11月底至12月对蚊母喷施强内吸性药剂:5%吡虫啉乳油1500～2000倍液喷雾,杀灭迁回蚜和有性蚜;春季当蚊母刚展叶时,瘿瘤尚未封口时,可继续喷一次以杀灭

干母。瘿瘤封口后,再喷施50%乐斯本药剂1500倍液或40%氧化乐果乳油1000倍液。

3. 蚜科

(117)洋槐蚜(刺槐蚜)*Aphis robiniae* Macchiati

【寄主植物】洋槐。

【分布区域】分水镇、白羊镇。

【主要形态特征】成蚜无翅孤雌生殖体卵圆形,长2.3mm,宽1.4mm。体漆黑色,有光泽;附肢淡色间有黑色。腹部第1～6节大都愈合为一块大黑斑;第1、7、8节无或有小缘斑;第7、8节有一窄细横带。头、胸及腹部第1～6节背面有明显六角形网纹;第7、8腹节有横纹。绿瘤骨化,馒头状,宽与高约相等,位于前胸及腹部第1、7节,其他节偶有。中胸腹岔无柄,基宽为臂长的1～1.5倍。体毛短,尖锐;触角长1.4mm,各节有瓦纹;喙长稍超过中足基节;腹管长0.46mm,长圆管形,基部粗大,有瓦纹。尾片长锥形,长0.24mm,基部与中部收缩,两线及端部3/5处有横排微刺突,有长曲毛6～7根。尾板半圆形,有长毛12～14根。生殖板模圆形,具等长毛12根。有翅孤雌蚜体黑色,长卵圆形,长2.0mm,宽0.94mm。触角与足灰白色间黑色。腹部淡色,斑纹黑色;第1～6节横带断续与绿斑相连为一块斑;各节有缘斑,第1节斑个腹管前斑小于后斑;第7、8节横带横贯全节;第2～4节偶有小缘瘤。触角长1.4mm;第3节有圆形感觉圈4～7个,分布于中部,排列成一行。气门片骨化黑色,隆起。体表光滑,缘斑及第7、8腹节有瓦纹。尾片具长曲毛5～8根,尾板有长毛9～14根,生殖板有长毛12～14根,其他特征与无翅型相似。

【发生规律】1年发生20多代,以无翅孤雌蚜、若蚜或少量卵于背风向阳处的野豌豆、野首清等豆科植物的心叶及根茎交界处越冬。翌年3月在越冬寄主上大量繁殖。至4月中、下旬产生有翅孤雌蚜迁飞扩散至豌豆、刺槐、槐树等豆科植物上为害,为第1次迁飞扩散高峰;5月底、6月初,有翅孤雌蚜又出现第2次迁飞高峰;6月在刺槐上大量增殖形成第3次迁飞扩散高峰。刺槐严重受害新梢枯萎弯曲、嫩叶蜷缩。7月下旬因雨季高温高湿,种群数量明显下降;但分布在阴凉处的刺槐和紫穗槐上的蚜虫仍继续繁殖危害。到10月间又见在扁豆、菜豆、紫穗槐收割后的萌芽条和花生地遗留果粒自生幼苗上繁殖危害。以后逐渐产生有翅蚜迁飞至越冬寄主上繁殖危害并越冬。

【防治措施】

①结合林木抚育管理,冬季剪除卵枝和叶或刮除枝干上的越冬卵,以消灭虫源。

②在成蚜、若蚜发生期,特别是第1代若蚜期,用40%乐果乳油、25%对硫磷乳油、50%马拉硫磷乳油、25%亚胺硫磷1000～2000倍液、20%氰戊菊酯乳油3000倍液喷雾;亦可在树干基部打孔注射或在刮去皮的树干上用50%久效磷乳油、50%氧化乐果乳油5～10倍液涂5～10cm宽的药环。

4. 蝉科

(118) 蒙古寒蝉 *Meimuna mongolica* (Distant)

【寄主植物】马尾松、山杨。

【分布区域】新田林场、龙驹林场。

【主要形态特征】

成虫:体长 33～38mm,翅展 110～120mm,体粗壮,暗绿色,有黑斑纹,局部具白蜡粉。复眼大,暗褐色;单眼3个,红色,排列于头顶呈三角形。前胸背板近梯形,后侧角扩张呈叶状,宽于头部和中胸基部,背板上有5个长形瘤状隆起,横列。中胸背板前半部中央,具一"W"形凹纹。翅透明,翅脉黄褐色;前翅横脉上有暗褐色斑点。喙长超过后足基节,端达第1腹节。

卵:长 1.8～1.9mm,宽 0.35mm,梭形,上端尖,下端较钝,初乳白色,渐变为淡黄色。

若虫:体长 30～35mm,黄褐色。额膨大明显,触角和喙发达,前胸背板、中胸背板均较大,翅芽伸达第3腹节。

【发生规律】以若虫和卵越冬。若虫老熟后出土上树蜕皮羽化,成虫 7—8 月大量出现,寿命 50～60 天,成虫白天活动,雄虫善鸣以引雌虫前来交配。成虫刺吸枝条汁液,产卵于1年生枝梢木质部内,致产卵部以上枝梢多枯死;每雌可产卵 400～500 粒。越冬卵翌年 5—6 月间孵化,若虫落地入土至根部为害,刺吸根部汁液,削弱树势,秋后转入深土层内越冬。

【防治措施】

①技术防治。冬季寄主植物休眠至春季萌芽前,清除杂草和枯枝落叶,剪除蝉类害虫越冬的产卵枝,集中烧毁,以压低越冬虫口。

②灯光诱杀 成虫发生期,设置黑光灯诱杀,效果很好,可降低下一代虫口发生的基数。

③人工防治。人工捕杀;刮除卵块;捕捉杀灭群集的初孵若虫。

④生物防治。保护和利用天敌,如蜘蛛、华姬猎蝽、寄生蜂、小枕异绒螨等。

⑤药剂防治。各代若虫盛发期是化学防治的关键时期。可喷施 10% 吡虫啉可湿性粉剂 2500 倍液,25% 阿克泰水分散粒剂 4000 倍液,或拟除虫菊酯类药剂 2000～3000 倍液。注意周边的杂草和草坪也要喷药兼治。

(119) 蚱蝉(黑蚱蝉) *Cryptotympana atrata* (Fabricius)

【寄主植物】樱花、元宝枫、槐树、榆树、苦楝、桑树、白蜡、桃、柑橘、梨、苹果、樱桃、杨柳、洋槐等。

【分布区域】小周镇、大周镇、孙家镇、龙沙镇、瀼渡镇、长岭镇、新田镇、龙驹镇、白土镇、郭村镇、柱山乡、梨树乡、新田林场。

【主要形态特征】

成虫:体长 38～48mm,翅展 125mm。体黑褐色至黑色,有光泽,被金色细毛。头部中央和平面的上方有红黄色斑纹。复眼突出,淡黄色;单眼3个,呈三角形排列。触角刚毛状。中胸背面宽大,中央高突,有"X"形突起。翅透明,基部翅脉金黄色。前足腿节有齿刺。雄虫腹部第1~2节有鸣器,雌虫腹部有发达的产卵器。

卵:长椭圆形,稍弯曲,长2.4~2.5mm,淡黄白色,有光泽。

若虫:末龄若虫体长约35mm,黄褐色或棕褐色。前足发达,有齿刺,为开掘式。

【发生规律】黑蚱蝉数年才完成1个世代,以卵或在土壤中的若虫越冬。春天,在寄主植物组织内的越冬卵孵化,1龄若虫落入土中生活,秋后向深土层移动越冬,来年随气温回暖,上移刺吸为害。若虫多龄,长期在土中生活,沿树根附近建造土室,吸食树根汁液。末龄若虫在初夏雨后的夜晚出土,爬上树上,高度多在1~1.5m,攀附在树干、枝叶上静伏,天亮前羽化为成虫。羽化时蜕出的最后一次皮称"蝉蜕"(可药用),仍留在原若虫攀附处。成虫喜欢在树干上群集鸣叫,在成虫盛发期常蝉声四溢。8月为产卵盛期,多产卵在直径为4~5mm的末级梢上。雌虫产卵时将产卵器插入枝条组织内,形成卵窝,产卵窝内,每窝有卵5~9粒,一个产卵枝上通常有多个卵窝,由于水分蒸腾,卵枝迅速凋萎,极易发现。卵期长达200天。雌虫寿命60~70天。

【防治措施】同蒙古寒蝉。

(120)蟪蛄 *Platypleura kaempferi*(Fabricius)

【寄主植物】杨、柳、法桐、槐、枫杨、椿、李子、核桃、柿、桑、马尾松等多种树木。

【分布区域】长岭镇、分水林场。

【主要形态特征】体长约2.5cm,是一种比较小型的蝉,紫青色,有黑纹。复眼黄褐色。足底部黄色,其余部分绿色。前额有单眼3个。翅脉边缘绿色,翅脉里边呈淡蓝色。翅透明。雌雄相似,雄性腹部有发音器官,雌性腹部末端有产卵器官。

【发生规律】成虫出现于5—8月,生活在平地至低海拔地区树木枝干上。夜晚有趋光性,会鸣叫。幼虫吸取多年生植物的树根汁液,成虫则吸取枝条上的汁液,特别是雌蟪蛄数量多的时候,产卵时刺破树皮,阻止树枝上养料的运输,从而导致树枝枯死。

【防治措施】

①技术防治。冬季寄主植物休眠至春季萌芽前,清除杂草和枯枝落叶,剪除蝉类害虫越冬的产卵枝,集中烧毁,以压低越冬虫口。

②灯光诱杀。成虫发生期,设置黑光灯诱杀,效果很好,可降低下一代虫口发生的基数。

③人工防治。人工捕杀;刮除卵块;捕捉杀灭群集的初孵若虫。

④生物防治。保护和利用天敌,如蜘蛛、华姬猎蝽、寄生蜂、小枕异绒螨等。

⑤药剂防治。各代若虫盛发期是化学防治的关键时期。可喷施10%吡虫啉可湿性粉剂2500倍液,25%阿克泰水分散粒剂4000倍液,或拟除虫菊酯类药剂2000~3000倍液。

5.广翅蜡蝉科

(121)柿广翅蜡蝉 *Ricania sublimbata* Jacobi

【寄主植物】栾树属、青冈属。

【分布区域】弹子镇、长滩镇。

【主要形态特征】

成虫:体长为 6.5~10mm,翅展 24~36mm;头、胸呈黑褐色;腹部基部黄褐至深褐色,其余各节深褐色,头胸及前翅表面多被绿色蜡粉。前胸背板具中脊,两边具刻点;中胸背板具纵脊 3 条,中脊直而长,侧脊斜向内,在端部互相靠近,在中部向前外方伸出一短小的外叉。前翅前缘外缘深褐色,向中域和后缘色渐变淡;前缘 1/3 处稍凹入,此处有一三角形至半圆形淡黄褐色斑。后翅暗黑褐色,半透明,脉纹黑色,脉纹边缘有灰白色蜡粉,前缘基部色浅,后缘域有 2 条淡色纵纹。前足胫节外侧有刺 2 个。

卵:长为 1.13~1.14mm,长肾形,顶端有微小乳状突起,初产时为乳白色,后渐变成白色至浅蓝色,近孵化时为灰褐色。卵块呈条状双行互生倾斜排列于嫩枝、叶脉或叶柄组织内,上面均匀地覆盖白色绵状物,之后消失。

若虫:共 5 龄。体长在 1 龄期为 1.20~1.32mm,3 龄期为 2.95~3.10mm,五龄期为 4.95~5.33mm。其中 1 龄期体色呈淡黄绿色,胸部背板上有 1 条淡色中纵脊,腹末有 4 个无色透明的泌腺孔,蜡丝丛上翘,可将腹部覆盖;3 龄期体色淡绿色,泌腺孔淡紫色,中后胸背板中纵脊两侧各有 1 个黑点,蜡丝丛可将全身覆盖;5 龄期体淡黄色,前、中胸背板中纵脊两侧各有 1 个黑点,后胸背板上因翅芽覆盖仅可见 2 个黑点(4 龄期为 4 个黑点),蜡丝丛淡黄色间有紫色斑。

【发生规律】1 年发生 1~2 代,以卵于当年生枝条或叶背主脉内越冬。5 月底柿广翅蜡蝉陆续孵化,经过 5 龄为害,至 7 月上旬开始老熟羽化,成虫经 20 余天取食后开始交配产卵,7 月下旬前后为产卵盛期。2 代若虫在 7 月下旬陆续孵化,9 月上旬为羽化期,9 月中旬至 10 月上旬为产卵盛期。若虫有群集性特点,常数头在一起排列枝上为害,爬行迅速、善于跳跃。成虫白天活动为害,飞行力较强且迅速,成虫产卵在 1 年生枝条或叶片背面主脉内,受害处长 2~4cm,每处产卵 20~30 粒,产卵孔均匀排成 2 纵列,卵交错斜竖在 1 年生枝条髓心及叶片主脉中。孔外带出部分木屑并覆有白色绒毛状蜡丝,黄白相间,形似鸟粪,极易发现与识别。每雌成虫可产 120~150 粒卵,产卵期 30~40 天。成虫寿命 50~70 天,至秋后陆续死亡。

【防治措施】

①营林防治。一是结合冬季田间修剪管理,剪除有卵块的枝、叶集中处理,减少越冬虫源。二是利用初孵若虫有群集性的特点,剪除蜡蝉为害的枝条、叶片,带出田间处理。

②生物防治。采取有利于天敌繁衍的耕作栽培措施,选择对天敌较安全的选择性农药,并合理减少施用化学农药,保护利用天敌昆虫来控制柿广翅蜡蝉种群。

③物理防治。柿广翅蜡蝉成虫趋色性强,可用黄色色板诱杀。

④化学防治。在若虫盛发期可将装洗衣粉水的盆接在茶树下,用力摇晃茶树,集中杀灭。化学防治可选用 10% 虫螨腈悬浮剂 2500 倍液、50% 马拉硫磷乳油 800~1000 倍液。由于虫体被有蜡粉,在药液中混用含油量为 0.3%~0.4% 的柴油乳剂或黏土柴油乳剂,可提高防治效果。防治适期应选择在柿广翅蜡蝉 1~3 龄若虫期,在孵化高峰期防治效果最佳。

6. 扁蜡蝉科

(122) 斑衣蜡蝉 Lycorma delicatula (White)

【寄主植物】刺槐、苦楝、黄杨、青桐、悬铃木、女贞、樱、珍珠梅、海棠、桃、葡萄、石榴、香椿等。

【分布区域】武陵镇。

【主要形态特征】斑衣蜡蝉成虫体灰褐色,长14～20mm,翅展40～50mm,额向前呈短喙状突起。前翅革质,长椭圆形,基部约2/3为淡褐色并有20余个黑斑,端部约1/3为深褐色、无斑,翅脉短而直,呈网状,脉纹白色;后翅膜质,脉纹黑色,基部鲜红色并具有7～8个黑斑,端部黑色,中部白色区呈倒三角形,展开时很鲜艳似蝶类的翅。体、翅表面均附有白色蜡粉。若虫共4龄。体色变化大,初孵时粉红色,渐变为黑色,1～3龄体背有许多小白斑;4龄体背呈红色,具有黑白相间的斑点,额突、复眼黑色。翅芽黑红相间。卵长约3mm,长圆形,被褐色蜡粉。

【发生规律】1年发生1代。以卵在树干或附近建筑物上越冬。翌年的4月中、下旬孵化,5月上旬为盛孵期;若虫有时数十头群集栖息在新梢上,排列成一条直线,头部上翘,稍有惊动即跳跃而去;若虫经3次蜕皮,6月中旬至7月上旬羽化为成虫,8月中旬至10月开始交尾产卵,卵多集中产在树干的向阳面或树枝分叉处,卵块排列整齐,覆盖白色蜡粉,一般40～50粒/块,多时可达百余粒。成、若虫均具有群集性、假死性,善于跳跃,成虫飞翔力较弱。秋季干旱少雨时易大发生。

【防治措施】生产上一般不做防治。

7. 叶蝉科

(123) 小绿叶蝉 Empoasca flavescens (Fabricius)

【寄主植物】蔷薇科花木、葡萄、山楂、猕猴桃等。

【分布区域】双河口街道。

【主要形态特征】成虫体长3.3～3.7mm,淡黄绿色至绿色。头背面略短,向前突,喙微褐色,基部绿色。复眼灰褐色至深褐色,无单眼。触角刚毛状,末端黑色。前胸背板、小盾片淡绿色,常具白色斑点。前翅半透明,略呈革质,淡黄白色,周缘具淡绿色细边。后翅透明膜质,各足胫节端部以下淡青绿色,爪褐色。腹部背板色较腹板深,末端淡青绿色。若虫长2.5～3.5mm,形态似成虫。卵:长卵形,略弯曲,长0.6mm,乳白色。

【发生规律】1年发生4～6代,发生期不整齐,世代重叠明显。以成虫在落叶、杂草或低矮绿色植物中越冬。翌春桃、李、杏发芽后到树上刺吸汁液,取食后交尾繁殖,卵多产在新梢或叶片主脉里。卵期5～20天,若虫期10～20天,非越冬成虫寿命30天,完成1个世代40～

5℃天。6月虫口数量增加,8—9月最多且为害加重。秋后以末代成虫越冬。成、若虫喜白天活动,在叶背刺吸汁液或栖息。成虫善跳,有趋光性,可借风力扩散,均温15～25℃适其生长发育,28℃以上及连阴雨天气虫口密度下降。

【防治措施】

①成虫出蛰前清除落叶及杂草,减少越冬虫源。

②掌握在越冬代成虫迁入后,各代若虫孵化盛期及时喷洒20%叶蝉散(灭扑威)乳油800倍液或25%速灭威可湿性粉剂600～800倍液、20%害扑威乳油400倍液、50%马拉硫磷乳油1500～2000倍液、20%菊马乳油2000倍液、2.5%敌杀死或功夫乳油、50%抗蚜威超微可湿性粉剂3000～4000倍液、10%吡虫啉可湿性粉剂2500倍液、20%扑虱灵乳油1000倍液、40%杀扑磷乳油1500倍液、2.5%保得乳油2000倍液、35%赛丹乳油2000～3000倍液,均能收到较好效果。

(124)橙带突额叶蝉 *Gunungidia aurantii fasciata*(Jacobi)

【寄主植物】慈竹。

【分布区域】长岭镇。

【主要形态特征】体长约15mm。体白色至褐色,头部颜面两侧各有1个顶斑,头冠后部中央有1个冠斑,头冠两侧各1个小斑;前胸背板前缘有4个黑斑;小盾片3个角各1个黑斑;中胸侧板有2个黑斑,1个位于近翅基部,1个位于前、中足基部之间。前翅白色,基部有1个黑斑,有多条橘黄色横带或横斑。

【发生规律】不详。

【防治措施】生产上一般不做防治。

(125)琼凹大叶蝉 *Bothrogonia qiongana*(Yang et Li)

【寄主植物】灯台树、油茶。

【分布区域】铁峰山林场。

【主要形态特征】成虫体长15～16mm,体型较大,呈红褐色,头胸部常具多枚黑斑。

【发生规律】1年发生3～4代,以成虫越冬,翌年3月开始产卵,第1代若虫5月中下旬出现,喜群集在叶背为害。第2、3代成虫在7—9月和9—11月出现,世代重叠明显。

【防治措施】生产上一般不做防治。

8.沫蝉科

(126)橘红丽沫蝉 *Cosmoscarta mandarina* Distant

【寄主植物】马桑属。

【分布区域】分水林场。

【主要形态特征】体长雄虫14.6～17.0mm,雌虫15.6～17.2mm。头(包括颜面)及前胸背板紫黑色,具光泽。复眼灰色,单眼浅黄色。触角基节褐黄色,喙橘黄色、橘红色或血红色。小盾片橘黄色,前翅黑色,翅基或翅端部网状脉纹区之前各有1条橘黄色横带,其中,翅基的1条极宽,近三角形,翅端之前的1条较窄,呈波状。

【发生规律】不详。

【防治措施】生产上一般不做防治。

9.盾蚧科

(127)考氏白盾蚧 *Pseudaulacaspis cockerelli*（Cnoley）

【寄主植物】山桂花。

【分布区域】双河口街道、陈家坝街道、甘宁镇、长岭镇、太龙镇。

【主要形态特征】

若虫:初孵淡黄色,扁椭圆形,长0.3mm,眼、触角、足均存在,两眼间具腺孔,分泌蜡丝覆盖身体,腹末有2根长尾毛。2龄长0.5～0.8mm,椭圆形,眼、触角、足及尾毛均退化,橙黄色。

成虫:雌虫介壳长2.0～4.0mm,宽2.5～3.0mm,梨形或卵圆形,表面光滑,雪白色,微隆;2个壳点突出于头端,黄褐色。雄介壳长1.2～1.5mm,宽0.6～0.8mm;长形表面粗糙,背面具一浅中脊;白色;只有1个黄褐色壳点。雌成虫体长1.1～1.4mm,纺锤形,橄榄黄色或橙黄色,前胸及中胸常膨大,后部多狭;触角间距很近,触角瘤状,上生1根长毛;中胸至腹部第8腹节每节各有一腺刺,前气门腺10～16个;臀叶2对发达,中臀叶大,中部陷入或半突出。雄成虫体长0.8～1.1mm,翅展1.5～1.6mm。腹末具长的交配器。

卵:长约0.24mm,椭圆形,初产时淡黄色,后变橘黄色。

蛹:长椭圆形,橙黄色。

【发生规律】各代发生整齐,很少重叠。以受精和孕卵雌成虫在寄主枝条、叶上越冬。冬季也可见到卵和若虫,但越冬卵第2年春季不能孵化,越冬若虫死亡率很高。越冬受精雌成虫在翌年3月下旬开始产卵,4月中旬若虫开始孵化,4月下旬、5月上旬为若虫孵化盛期,5月中、下旬雄虫化蛹,6月上旬成虫羽化;第2代6月下旬始见产卵,7月上、中旬为若虫孵化盛期,7月下旬雄虫化蛹,8月上旬出现成虫;第3代8月下旬至9月上旬始见产卵,9月下旬至10月上旬为若虫孵化盛期,10月中旬雄成虫化蛹,10月下旬出现成虫进入越冬期。雌成虫寿命长达一个半月左右,越冬成虫长达6个月左右。每雌虫平均产卵50余粒。若虫分群居型和分散型两类,群居型多分布在叶背,一般几十头至上百头群集在一起,经第2龄若虫、前蛹、蛹而发育为雄成虫;散居型主要在叶片。中脉和侧脉附近发育为雌成虫。

【防治措施】

①加强检疫。蚧虫固着寄生极易随苗木异地传播,所以一定严把检疫关,禁止带虫苗木

带入或带出。

②加强栽培管理。适时增施有机肥和复合肥以增强树势,提高抗虫力。结合修剪及时疏枝,剪除虫害严重的枝、叶,以减少虫源,促进植株通风透光,以减轻此蚧的危害。

③保护利用天敌。此蚧有多种内寄生小蜂及捕食性的草蛉、瓢虫、钝绥螨等天敌,因此施药种类及方法要合理,避免杀伤天敌。

④根施内吸性颗粒剂(3%呋喃丹颗粒剂、5%涕灭威颗粒剂)可最大限度地杀灭蚧虫,保护天敌。操作方法是将颗粒剂施入盆中一寸深的土下,随即覆土灌水。药剂用量:直径为20cm以内的花盆埋0.5~1g;20~30cm之间的埋2g;30cm以上的埋3g或适当增量。药效期可达40天至2个月。

⑤在卵孵化盛期及时喷洒40%氧化乐果乳油1500倍液加0.1%肥皂粉或洗衣粉或"花保"80~100倍液或50%灭蚜松乳油1000~1500倍液、20%灭扫利乳油1500~6000倍液、2.5%功夫乳油1500~5000倍液、50%稻丰散乳油1000倍液、30%桃小灵乳油1000倍液。

若虫孵化期也可选喷1次80%敌敌畏乳油1000倍液,或50%杀螟松乳油1000倍液。用狂杀蚧1000倍液或40%速扑杀乳油1500倍液防治鹤望兰考氏白盾蚧,取得了97.7%的防治效果。狂杀蚧乳油是有机磷杀虫剂,其最大特点是能够透过蚧壳虫体表覆盖的蜡壳或蜡被,将下面的虫体及所产下的卵杀死。喷布时间不受虫态限制,在蚧壳虫发生的任何时期都可使用。狂杀蚧乳油对蚧壳虫具有极高防效,全年喷布1~2次就可将蚧壳虫控制好,连续使用2~3年后蚧壳虫可基本绝迹。

(128)矢尖盾蚧 *Unaspis yanonensis*(Kuwana)

【寄主植物】花椒、桂花、梅花、山茶、芍药、樱花、丁香、柑橘、金橘等花木。

【分布区域】溪口乡。

【主要形态特征】

成虫:雌虫体长形,橙黄色,长约2.8mm;前胸与中胸间,中胸与后胸间,分界明显;雄虫头部长,前端圆形,中央微凹。雌虫介壳长形,黄褐色或棕黄色,边缘灰白色,长2.8~3.5mm,前狭后宽,末端稍狭,背面中央有1条明显的纵脊,整个盾壳形似箭头而得名。蜕皮壳偏在前端,橙黄色。雄虫体细长,橙黄色,长约1mm,白色,透明。雄虫介壳狭长,粉白色,长1.5mm左右,壳背有3条纵脊。蜕皮壳位于前端,淡黄褐色。

卵:椭圆形,橙黄色,表面光滑,长约0.2mm。

若虫:1龄若虫(游动若虫)体橙黄色,扁平,长0.25mm,宽0.15mm,触角7节浅棕色,复眼紫色。口器细长弯曲,腹末有尾毛1对。1龄若虫固定后为椭圆形,黄褐色,触角和胸、腹分布明显,纵脊明显可见,尾毛消失,雌雄可辨(雄虫的腹部多1节体色较深,头部有细长蜡丝数根)。雌虫2龄若虫淡黄色,触角及足均消失,体被薄膜包围,1龄若虫蜕皮壳在头部,体长1mm,宽0.5mm,体节和臀板明显。雄虫2龄若虫长卵形,浅褐色,口器细长,为体长的2倍,触角及足消失,头、胸部3节和3对臀叶明显。

蛹:前蛹橙黄色,椭圆形,腹部末端黄褐色,长约0.8mm;蛹橙黄色,椭圆形,长约1mm,腹部末端有生殖刺芽。触角分节明显,3对足渐伸展,尾片突出。

【发生规律】1年发生2~3代。以受精雌成虫在枝和叶上越冬。翌年4—5月产卵在雌介壳下。第1代若虫5月下旬开始孵化,多在枝和叶上危害;7月上旬雄虫羽化,下旬第2代若虫发生;9月中旬雄虫羽化,下旬第3代若虫出现;11月上旬雄虫羽化,交尾后,以雌成虫越冬,少数也以若虫或蛹越冬。在温室内周年为害。

【防治措施】

①人工防治。虫口密度轻者,可用毛刷刷清虫体,集中烧毁。

②园艺防治。合理疏枝,保持通风透光,可减轻危害。

③药剂防治。若虫活动期,可选喷50%辛硫磷乳油,或50%杀螟松乳油1000~1500倍液;或50%乙酰甲胺磷乳油1500~2000倍液,冬季可喷施松脂合剂10~15倍液,或机油乳剂40~50倍液,压低越冬代雌虫基数。

④生物防治。保护和利用天敌昆虫,例如黑缘红瓢虫、寄生蜂等天敌昆虫。

(129)柏蛎盾蚧 Lepidosaphes capressi Borchaeniua

【寄主植物】杨梅。

【分布区域】溪口乡、燕山乡。

【主要形态特征】

雌介壳:长2.7~3.1mm,宽0.75~1.1mm,最宽处近尾端,呈牡蛎形。前端略向一侧弯曲,介壳前有2个蜕皮。壳点呈黄褐色,位于前端,介壳呈棕褐色。雄介壳长1.3~1.6mm,宽0.4~0.5mm。介壳较直,前端仅1个蜕皮,在近尾端有黄白色狭窄带,略凹陷。

卵:体长0.28~0.3mm,长椭圆形。初无色透明,逐渐转为白色半透明米粒状,近孵化时呈黄色长扁圆形,略带金属光泽,后卵壳呈"V"形开裂。

若蚧:近椭圆形,初孵乳白而略黄,固定后转为橙黄色。

蛹:体长0.75~0.85mm,体紫红色略透明,单眼深紫黑色。

【发生规律】1年发生2代。第2代卵期为7月下旬至8月上旬,初孵若虫期为8月中、下旬,固定若虫期为9月上旬,10月上旬若虫变为成虫,以受精雌成虫在枝干上越冬。次年4月中、下旬出现第1代卵,5月中旬第1代若虫孵化,6月中旬出现第1代成虫。

【防治措施】

①药物防治。在第2代若虫孵化期(8月),喷布50%锐劲特悬乳剂1500~2000倍液,或40%速扑杀乳油1000~1200倍液,或10%吡虫啉乳油1000倍液,或25%噻嗪酮对湿性粉剂1000~1500倍液,或40%速扑磷乳油1000~1200倍液。

②秋季和春季对树上的枯枝及虫口密度高的活枝进行清理修剪,集中烧毁。

10. 粉虱科

(130) 黑刺粉虱 *Aleurocanthus spiniferus* Quaintance

【寄主植物】香樟、茶、柑橘、油茶、梨、柿、葡萄等多种植物。

【分布区域】牌楼街道、双河口街道、龙都街道、百安坝街道、陈家坝街道。

【主要形态特征】成虫体橙黄色，薄敷白粉。复眼肾形红色。前翅紫褐色，上有7个白斑；后翅小，淡紫褐色。卵新月形，长0.25mm，基部钝圆，具1个小柄，直立附在叶上，初乳白后变淡黄，孵化前灰黑色；若虫体长0.7mm，黑色，体背上具刺毛14对，体周缘泌有明显的白蜡圈；共3龄，初龄椭圆形淡黄色，体背生6根浅色刺毛，体渐变为灰至黑色，有光泽，体周缘分泌1圈白蜡质物；2龄黄黑色，体背具9对刺毛，体周缘白蜡圈明显。蛹椭圆形，初乳黄渐变黑色。蛹壳椭圆形，长0.7～1.1mm，漆黑有光泽，壳边锯齿状，周缘有较宽的白蜡边，背面显著隆起，胸部具9对长刺，腹部有10对长刺，两侧边缘雌虫有长刺11对，雄虫10对。

【发生规律】1年发生4～5代，以2～3龄幼虫在叶背越冬。发生不整齐，田间各种虫态并存，在重庆越冬幼虫于3月上旬至4月上旬化蛹，3月下旬至4月上旬大量羽化为成虫，随后产卵。各代12龄幼虫盛发期为5月至6月、6月下旬至7月中旬、8月上旬至9月上旬、10月下旬至11下旬。成虫多在早晨露水未干时羽化，初羽化时喜欢荫蔽的环境，日间常在树冠内幼嫩的枝叶上活动，有趋光性，可借风力传播到远方。羽化后2～3天，便可交尾产卵，多产在叶背，散生或密集成圆弧形。幼虫孵化后作短距离爬行吸食。蜕皮后将皮留在体背上，以后每蜕一次皮均将上一次蜕的皮往上推而留于体背上。一生共蜕皮3次，2～3龄幼虫固定为害，严重时排泄物增多，煤污病严重。

【防治措施】

①剪除密集的虫害枝，使果园通风透光，及时中耕、施肥、增强树势，提高植株抗虫能力。

②黑刺粉虱的防治指标为平均每张叶片有虫2头，即应防治。当1龄幼虫占80%、2龄幼虫占20%时，即为防治适期。可选用40%乐果、50%马拉硫磷、50%辛硫磷乳油1000倍液、25%扑虱灵乳油1000倍液、2.5%天王星乳油1500～2000倍液。安全间隔期相应为10天、10天、5天、14天和6天。黑刺粉虱多在茶树叶背，喷药时要注意喷施均匀。发生严重的地区在成虫盛发期也可进行防治。

③黑刺粉虱的天敌种类很多，包括寄生蜂、捕食性瓢虫、寄生性真菌，应注意保护和利用。

11. 个目虱科

(131) 小叶榕木虱 *Macrohomotoma gladiatean* Kuwayama

【寄主植物】垂叶榕。

【分布区域】高笋塘街道、牌楼街道、双河口街道。

【主要形态特征】

若虫:1~2龄体较扁,1龄长0.4~0.6mm,黄红色,2龄长1.2mm。翅芽凸,腹部分泌大量白色蜡丝。

卵:呈纺锤体形,一端较尖,初期黄白色半透明,后转变为浅褐色,长约0.5mm。

成虫:体长4~5mm,全体棕绿色,头部前方较平,复眼向两侧凸,呈褐色。触角10节,前后翅透明,前翅前缘1/3处有一尖角状褐斑。胸腹部背面棕色,腹面绿色。雌虫腹部纺锤形,末端尖,卵鞘匕首状,坚韧。

【发生规律】榕木虱在小叶榕上1年发生4代,越冬代木虱在上一年10月上旬产卵,10月下旬出现孵化盛期,到来年4月上旬开始出现成虫,5月上旬出现成虫高峰期;第1代木虱于5月上旬产卵,6月上旬出现孵化盛期,7月上旬为成虫高峰期;第2代木虱于7月上旬产卵,8月上旬出现孵化盛期,8月下旬出现成虫高峰期;第3代木虱于8月下旬产卵,10月上旬出现成虫高峰期,4—10月世代重叠现象明显。

【防治措施】

①物理防治。a.修剪树枝。结合修枝,对虫害严重的小叶榕(树冠外部40%以上的叶片被若虫分泌的白色蜡絮包裹)树枝进行适当修剪,修剪下来的树枝全部运走妥善处理。以后每发现上述情况的小叶榕,均采取同样的方法处理。b.树干涂白。可在每年11月底开始,对行道树和虫害特别严重的小叶榕进行树干涂白,树干涂白可以对榕木虱在小叶榕树之间转移进行适当限制。

②化学防治。化学防治是小叶榕木虱虫害在较大范围发生时,主要和有效的防治方法。由于小叶榕木虱若虫有分泌的白色蜡絮严密包裹保护,同时若虫在白色的蜡絮内吸食树木的汁液,小叶榕木虱化学防治应使用能被植物叶片吸收的内吸性化学药剂。防治小叶榕木虱时主要使用的化学药剂有2.5%大康乳油、10%吡虫啉可湿性粉剂、40%氧化乐果乳油。若虫害较严重,使用药液浓度均为800倍左右,为了防止榕木虱产生抗药性,每次用1种农药,3种农药交替使用,每次防治时均对小叶榕的所有叶面进行药液喷洒,在气候条件适合,同时虫害较严重时,15~20天防治1次。

③注干法。在小叶榕的树干部用机动打孔注药机以45°钻打一个小拇指粗的小孔,深度为4~20cm(根据小叶榕的胸径大小来算),然后将输液瓶的嘴部插入小孔中。在配制药物时,先要测量榕树的胸径大小,然后按1∶1配制药水,即0.1m胸径的榕树,配用10mL药物。一般打1个多小时"吊针",树上木虱就会被全部洗白。注干法施用30%敌敌畏·氧乐乳油和用环割法施用40%氧乐果乳油10倍液。注干法的优点是对环境污染小、防治彻底、持效长(20天有效);缺点是小叶榕树干多汁,注药孔易结水,孔口愈合困难,因此每年5月或10月打孔注药1次为宜,钻孔时孔径不宜过大。

12.木虱科

(132)龙眼角颊木虱 *Cornegenapsylla sinica* Yang et Li

【寄主植物】龙眼。

【分布区域】小周镇、大周镇、武陵镇、瀼渡镇、甘宁镇、太龙镇、溪口乡。

【主要形态特征】

成虫：雌成虫体长2.5～2.6mm，宽0.7mm；雄虫体长2.0～2.1mm，宽0.6mm。刚羽化时翅、体色半透明，1～2h后虫体背面慢慢变黑色、腹面黄色、复眼淡红色。头部短而宽，有一对向前平伸的颊锥，呈圆锥状。触角10节，末端有1对叉状的刚毛。翅透明，前翅具明显的"K"形黑色条纹，后翅狭条形，稍短于前翅，无黑色条纹。腹部粗壮，锥形。

卵：多数产于新叶背面，长0.2mm，宽0.1mm，长椭圆形，像梨子。一端尖细延伸成弧状弯曲长丝，另一端圆钝，底面扁平，有一短柄突出以固定在寄主上。初产时乳白色，后变为黄黑色。卵量多的时候，一片新叶有上百个卵。

若虫：共5龄。1、2龄若虫体形略长，浅黄色，3龄若虫翅芽初现，体形椭圆，背面有红褐色条纹。4、5龄若虫翅芽明显，体形椭圆，黄色。

【发生规律】龙眼角颊木虱在福建福州1年发生3～5代，在广州1年发生7代；而在广西西南地区每年发生7代以上，以若虫在被害叶的钉状孔穴内越冬。翌年2月下旬至3月上旬为越冬代成虫羽化期。成虫在白天羽化，上午羽化最多，羽化后成虫在嫩梢上栖息约1天后开始交尾，交尾后3天开始产卵，卵散产在嫩叶背、新梢、顶芽、嫩叶柄、花穗枝梗等处，以嫩叶背和嫩梢枝梗上着卵最多，已转绿的幼叶着卵极少。雌虫一生产卵多的有100余粒，少的也有20粒左右。卵历期，春季8～9天，夏季5～6天。初孵若虫在幼叶背爬行，选择适合部位吸取肉汁液，2～3天后受害部位叶面上突，叶背凹陷，形成钉状孔穴；若虫一生在孔穴内生活，直到羽化前才爬出孔穴外蜕皮变为成虫。成虫常在新梢上的嫩芽、幼叶栖息取食，取食时头端下俯，腹端上翘；一般白天午间较高温时较活跃，遇惊动能起跳作短距离飞翔；雌虫寿命4～8天，雄虫3～6天。

成虫、卵和若虫一年中发生5个高峰期，各期均与龙眼抽发新梢期相遇，但以春梢期虫口密度最高，夏梢、夏延秋梢和二次秋梢虫口密度较低，冬季气温较高的年份，部分若虫羽化为成虫，为害冬梢。龙眼品种中的广眼、青壳石硖等品种受此木虱为害重，而储良、大乌圆、黄壳石硖受危害相对较轻。

【防治措施】

①农业防治。加强肥水管理，使新梢抽发整齐，嫩叶转绿快，减轻危害。结合修剪，剪除虫口密度的复叶，并集中毁灭，适期疏梢、控制冬梢等，减小虫源基数。

②药剂防治。原则上对春梢要抓好越冬代若虫和成虫的防治，对夏、秋梢酌情用药挑治。一般在越冬代若虫活动取食期，各代成虫产卵期、若虫盛孵期选用下列药剂进行喷洒：卵期喷洒40%乐果乳油800～1000倍液，或30%双神乳油2000～2500倍液，以防卵粒孵出若虫为害嫩叶；若虫期喷洒80%敌敌畏乳油800～1000倍液，或25%优乐得（或扑虱灵、扑虱蚜、大功臣等）可湿性粉剂1000倍液，或20%氰戊菊酯乳油2000～3000倍液，或40%乐果乳油800～1000倍液，以防若虫羽化为成虫扩散为害和传播龙眼鬼帚病。喷布其他拟除虫菊酯类药剂或40%乙酰甲胺磷1000～1500倍液效果也很好。

③生物防治。已知龙眼角颊木虱若虫期的天敌有粉蛉和姬蜂的一种，对本种木虱发生为害有一定的控制作用，要注意保护和利用天敌。

13. 蜡蚧科

(133) 红蜡蚧 *Ceroplastes rubens* Maskell

【寄主植物】桂花、雪松、栀子花、樱花、蔷薇、茶梅、月季、玫瑰、山茶、枸骨、白玉兰、苏铁、冬青、八角金盘等。

【分布区域】双河口街道、陈家坝街道。

【主要形态特征】雌成虫体椭圆形,紫红色,背面隆起,介壳较厚、近圆形,暗红色至紫红色,顶端中央凹陷呈脐状,边缘弯曲呈帽缘状,有 4 条白色蜡带从腹面卷向背面。触角 6 节,第 3 节最长。雄成虫体暗红色,具 1 对白色、半透明的前翅。初孵若虫扁平椭圆形,淡褐或暗红色,腹端有两长毛;2 龄若虫体呈椭圆形,暗红色,体表被白色蜡粉,周缘有白色角状突起呈海星状;3 龄若虫介壳增厚,圆形或近圆形。卵椭圆形,两端稍细,淡红至淡红褐色,有光泽。

【发生规律】1 年发生 1 代,以受精雌成虫在寄主枝干上越冬。卵孵化盛期在 6 月中旬,初孵若虫多在晴天中午爬离母体,如遇阴雨天会在母体介壳周围爬行半小时左右,后陆续固着在枝、叶上,雌虫多在植物枝干和叶脉上为害,雄虫多在叶柄和叶片上为害。

【防治措施】

①人工防治。发生初期,及时剔除虫体或剪除多虫枝叶,集中销毁。

②农业防治。及时合理修剪,改善通风、光照条件,将减轻危害。

③药剂防治。同藤壶蚧。

④检疫防治。加强苗木引入及输出时的检疫工作。

⑤生物防治。保护和利用天敌昆虫,红蜡蚧的寄生性天敌较多,常见的有红蜡蚧扁角跳小蜂、蜡蚧扁角跳小蜂、蜡蚧扁角(短尾)跳小蜂、赖食软蚧蚜小蜂等。

14. 绒蚧科

(134) 紫薇绒蚧 *Eriococcus lagerostroemiae* Kuwana

【寄主植物】紫薇、石榴。

【分布区域】五桥街道。

【主要形态特征】雌成虫扁平,椭圆形,长 2～3mm,暗紫红色,老熟时外包白色绒质蚧壳。雄成虫体长约 0.3mm,翅展约 1mm,紫红色。卵呈卵圆形,紫红色,长约 0.25mm。若虫椭圆形,紫红色,虫体周缘有刺突。雄蛹紫褐色,长卵圆形,外包以袋状绒质白色茧。

【发生规律】该虫发生代数因地区而异,1 年发生 2～4 代;如北京地区 1 年发生 2 代,上海 1 年发生 3 代,山东 1 年能发生 4 代。绒蚧越冬虫有受精雌虫、2 龄若虫或卵等,各地不尽相同;通常在枝干的裂缝内越冬。每年的 6 月上旬至 7 月中旬以及 8 月中下旬至 9 月为若虫孵化盛期,但像上海、山东等1年发生3~4代的地区,在3月底、4月初就能发现第1代若虫危害。绒蚧在温暖高湿环境下繁殖快,干热对它的发育不利。

【防治措施】

①园艺防治。结合冬季整形修剪,清除虫害危害严重、带有越冬虫态的枝条。

②药剂防治。对发生严重的地区,除加强冬季修剪与养护外,可在早春萌芽前喷洒3~5波美度石硫合剂,杀死越冬若虫。苗木生长季节,要抓住若虫孵化期用药,可选用喷洒40%速蚧克(即速扑杀)乳油1500倍液,或48%毒死蜱乳油(乐斯本)1200倍液,或40%氧化乐果乳油1000倍液,或50%杀螟松乳油800倍液等。

15. 珠蚧科

(135) 中华松针蚧 *Matsucoccus sinensis* Chen

【寄主植物】油松、马尾松、黑松等松属植物。

【分布区域】后山镇、龙驹镇、柱山乡、长坪乡、茨竹乡、铁峰山林场、龙驹林场。

【主要形态特征】

成虫:雌成虫略似纺锤形或长椭圆形,橙褐色,体长1.5~1.8mm;体节尚明显,体壁柔韧而有弹性;胸足3对,趋于退化,与虫体相比显著较小而弯曲;背疤数多,略呈圆形,主要分布在背部末端背面,腹面略平,末端凹陷呈钩叉状;虫体外被黑色革质蜡壳所包围。雄成虫体长1.3~1.8mm,翅展3.5~4.0mm;头胸黑色,腹部黄褐色;前翅发达,膜质半透明,后翅退化为平衡棒;腹部末端有钩状交尾器,具10余根银白色细长毛,斜伸向后方。

卵:椭圆形,微小,初产时乳白色,后转为淡黄色;孵化前可透过卵壳看到2个黑色眼点。

若虫:1龄初孵若虫长卵圆形,金黄色,胸足发达,固定寄生后变成黑色,体背有白色蜡质层;2龄无肢,若虫触角和足等附肢全部消失,口器特别发达,体壁革质,黑色,雌若虫较大,倒卵形,雄若虫较小,椭圆形;3龄雄若虫长椭圆形,口器退化,触角和足发达,外形似雌成虫,但其腹部背面无背疤,末端不向内凹陷。

蛹:雄蛹包被于椭圆形白茧中,前蛹橙褐色,蜕皮后成蛹。头胸部淡黄色,腹部褐色,附肢及翅芽灰白色。

【发生规律】雌虫交配时先伸出桃红色交尾器,交配后收回,受精卵在雌虫体内发育。初孵若虫由蜕壳末端的圆裂孔爬出,活动1~2天后,在当年生新梢的针叶上营固定生活,体色由淡黄色变为深黑色,体形由倒卵形变成椭圆形。6月上旬至9月下旬为1龄若虫滞育期。

中华松针蚧个体小,本身活动能力有限,主要靠风力、雨水冲刷和人为活动传播蔓延。

【防治措施】

①加强抚育。及时修枝间伐,促进林木生长,提高林分抗虫能力,减少虫害;若发现有虫枝,应及时剪除,集中烧毁,减少虫源。

②保护和利用天敌。保护或引进释放松蚧瘿蚊、异色瓢虫、红缘瓢虫、红点唇瓢虫、大草

蛉等天敌,对抑制中华松针蚧种群可起到一定作用。

③药剂防治。在距水源近的林区,可采用具有内吸作用的37%巨无敌乳油1500~3000倍液喷雾防治;在缺水的高山林区可采用林丹或敌马烟剂以15kg/hm²进行熏蒸防治,可起到良好的防治效果。

二、害螨类

真螨目

瘿螨科

(136) 枫杨瘿螨 *Aceria pterocaryae* Kuang & Gong

【寄主植物】枫杨。

【分布区域】甘宁镇。

【主要形态特征】体长仅0.15mm,狭长,刺吸式口器,初呈淡黄色,后变为橙黄色,头小,向前方伸出。若螨、成螨仅有2对足;前肢体段背呈盾状;后肢体段延长,具许多环纹;腹部末端渐细,末节背面具2根长毛。

【发生规律】翌年3月初越冬螨开始活动,迁移至春梢及花穗上为害,3—5月为害最重。初孵若螨在嫩叶背面或花穗上取食,被害处在5~7天后便出现黄绿色斑块,上生稀疏、白色半透明绒毛,12~15天后,斑块逐渐扩展,绒毛增多且变为浅黄白色,随后呈深褐色。成、若螨初期分散在毛瘿基部爬行;后期便在绒毛间上下蠕动,爬行时螨体呈拱形,取食时,螨体位置与叶面垂直。早晚温度较低时,不太活动,中午温度升高则在绒毛中爬行。毛瘿形成30~60天呈红褐色时瘿内螨口密度最高,超过120天的旧斑为黑褐色,几乎找不到瘿螨。

瘿螨能借风、苗木、昆虫、农械等传播蔓延。其发生与气候条件、植株生长环境及天敌有密切的关系,其中温、湿度是主要因素。据广州资料:日平均气温在24~30℃之间,相对湿度在80%以上,新梢抽发多时,瘿螨种群数量上升,为害加重;台风雨期或暴雨冲刷,螨口密度则降低;枝条过密、阴枝多的果园被害较严重,树冠下部及中部受害较重。

【防治措施】

①农业防治。剪除被害枝叶、弱枝、过密枝、荫蔽枝和枯枝,集中烧毁,改善通风透光条

件,减少虫源。搞好常规管理,合理施肥,增强树势,提高植株的抗逆性。控制冬梢抽发,恶化和中断食料来源,减少越冬虫源,从根本上提高抗御能力,控制危害。

②生物防治。保护和利用自然界中的捕食螨等天敌,对控制瘿螨发生数量具有积极作用。

③药剂防治。冬季剪除病虫枝叶后,喷石硫合剂 1000 倍液 1 次,4 月中下旬喷 1 次噻螨酮＋敌百虫;7 月中下旬喷 1 次噻螨酮＋40％水胺硫磷乳油 1000 倍液,或尼索朗＋40％氧乐果乳油 1000 倍液,或 20％三氯杀螨醇 800 倍液等。

(137) 柳刺皮瘿螨 *Aculops niphocladae* Keifer

【寄主植物】柳属。

【分布区域】后山镇、太安镇。

【主要形态特征】雌螨体长约 0.2mm,纺锤形略平,前圆后细,棕黄色。足 2 对,背盾板有前叶突。背纵线虚线状,环纹不光滑,有锥状微突。尾端有短毛 2 根。

【发生规律】1 年发生数代,以成螨在芽鳞间或皮缝中越冬。借风、昆虫和人为活动等传播。4 月下旬至 5 月上旬活动为害,随着气温升高,繁殖加速,为害加重,雨季螨量下降。受害叶片表面产生组织增生,形成珠状叶瘿,每个叶瘿在叶背只有 1 个开口,螨体经此口转移为害,形成新的虫瘿,被害叶片上常有数十个虫瘿。

【防治措施】
①预防处理。柳树发芽前喷施石硫合剂 50 倍液,消灭越冬螨,兼治蚜虫。
②药剂防治。6—7 月喷施 1.8％爱福丁乳油 3000 倍液,或 5％霸螨灵或 15％速螨酮(哒螨灵)2000 倍液防治。

(138) 悬钩上瘿螨(悬钩子瘿螨) *Epitrimerus rubus* sp. Nov.

【寄主植物】悬钩子属。

【分布区域】龙驹林场。

【主要形态特征】雌螨:体纺锤形,长 188mm,宽 58mm,厚 58mm,黄色。雄螨:体长 120mm,宽 46mm。

【发生规律】略。

【防治措施】生产上一般不做防治。

三、病害

(一)真菌病害

(139)花椒锈病

【寄主植物】花椒。
【分布区域】甘宁镇。
【病原】花椒鞘锈菌 *Coleosporium zanthoxyli* Diet et Syd。
【发病规律】花椒锈病主要危害叶片、叶柄、新梢、果实及果柄。叶片染病叶背面现黄色、裸露的夏孢子堆,大小 0.2～0.4mm,圆形至椭圆形,包被破裂后变为橙黄色,后又褪为浅黄色,在与夏孢子堆对应的叶正面现红褐色斑块,秋后又形成冬孢子堆,圆形,大小 0.2～0.7mm,橙黄色至暗黄色,严重时孢子堆扩展至全叶。
【防治措施】
①砍除附近 2.5km 范围内的桧柏类等转主寄主。不宜砍除的,发芽前后,可喷洒 5 波美度石硫合剂以除灭转主寄主上的冬孢子。
②化学防治。发病初期,可用"景翠"药液来喷洒或用"康圃"1500～2000 倍＋"三唑酮"1500 倍混合液对叶面进行喷雾防治,每隔 7～10 天再喷 1 次,连续喷洒 2～3 次。病情严重的可选用"景慕"1500～2000 倍或"康圃"800～1000 倍＋"思它灵"1000 倍＋"乐圃"500 倍混合液来进行喷洒防治。也可选择用三唑酮、退菌特、井冈霉素或丙环唑等药剂防治,每 15 天喷 1 次,连续 2～3 次。

(140)梨锈病

【寄主植物】梨树、山楂、棠梨和贴梗海棠等。
【分布区域】五桥街道、孙家镇、新田镇、铁峰乡、梨树乡。

【病原】梨胶锈菌（*Gymnosporangium haraeanum* Syd.），属担子菌亚门、冬孢菌纲、锈菌目、柄锈科、胶柄锈属。

【发病规律】主要危害叶片、新梢和幼果。叶片受害，叶正面形成橙黄色圆形病斑，并密生橙黄色针头大的小点，即性孢子器。潮湿时，溢出淡黄色黏液，即性孢子，后期小粒点变为黑色。病斑对应的叶背面组织增厚，并长出一丛灰黄色毛状物，即锈孢子器。毛状物破裂后散出黄褐色粉末，即锈孢子。果实、果梗、新梢、叶柄受害，初期病斑与叶片上的相似，后期在同一病斑的表面产生毛状物。转主寄主桧柏染病后，次年3月，在针叶、叶腋或小枝上可见红褐色、圆锥形的角状物（冬孢子角）。春雨后，冬孢子角吸水膨胀为橙黄色舌状胶质块。

梨锈病病菌是以多年生菌丝体在桧柏枝上形成菌瘿越冬，翌春3月形成冬孢子角，冬孢子萌发产生大量的担孢子，担孢子随风雨传播到梨树上，侵染梨的叶片等，但不再侵染桧柏。梨树自展叶开始到展叶后20天内最易感病，展叶25天以上，叶片一般不再感染。病菌侵染后经6~10天的潜育期，即可在叶片正面呈现橙黄色病斑，接着在病斑上长出性孢子器，在性孢子器内产生性孢子。在叶背面形成锈孢子器，并产生锈孢子，锈孢子不再侵染梨树，而借风传播到桧柏等转主寄主的嫩叶和新梢上，萌发侵入危害，并在其上越夏、越冬，到翌春再形成冬孢子角，冬孢子角上的冬孢子萌发产生的担孢子又借风传到梨树上侵染危害，而不能侵染桧柏等。梨锈病病菌无夏孢子阶段，不发生重复侵染，一年中只有一个短时期内产生担孢子侵染梨树。但孢子寿命不长，传播距离约在5km的范围内或更远，当然这与风力、风向、地势等有一定关系。

【防治措施】参考花椒锈病进行。

（141）杨树锈病

【寄主植物】山杨。

【分布区域】五桥街道、小周镇、大周镇、新乡镇、孙家镇、高峰镇、龙沙镇、响水镇、武陵镇、瀼渡镇、甘宁镇、天城镇、熊家镇、高梁镇、李河镇、分水镇、余家镇、后山镇、弹子镇、长岭镇、新田镇、白羊镇、龙驹镇、走马镇、罗田镇、太龙镇、长滩镇、太安镇、白土镇、郭村镇、柱山乡、铁峰乡、溪口乡、长坪乡、燕山乡、梨树乡、普子乡、地宝土家族乡、恒合土家族乡、黄柏乡、九池乡、茨竹乡、铁峰山林场、分水林场、新田林场、龙驹林场。

【病原】涉及担子菌亚门栅锈属 *Melampsora* 的多个种。锈子器生于淡黄色斑上，长0.5~1mm，橙黄色；锈孢子球形、亚球形或卵形，被疣。夏孢子堆黄色，散生或聚生。夏孢子圆形或椭圆形，橙黄色，夏孢子单生柄上，长圆形至球形，表面有刺状突起，但顶部光滑或刺小。冬孢子堆生于叶正面，红褐色，冬孢子左右相连成单层栅栏状，圆筒状。有报道称该病原菌有转主寄生现象。

【发病规律】锈病是杨树的主要病害之一，主要危害杨树苗木和幼树的叶片，严重时黄粉布满整个叶背，叶子提前脱落。小苗病重提早落叶，影响枝条木质化，容易遭冻害。春天杨树展叶期即可看到叶芽上满布黄色粉堆。发病初期，叶正面产生橙黄色有光泽的小斑点，后扩大成近圆形橙黄色病斑，病斑表面密生许多橙黄色针头大的小点，病斑组织逐渐肿胀肥厚，叶背面隆起,并从隆起上产生许多黄色毛管状物,长达 0.5～1.5cm,形状像黄色绣球花的畸形病芽。病斑一般由下部叶片开始,逐渐向上蔓延,严重时造成叶片枯死脱落,病菌也危害嫩梢,形成溃疡斑。

病菌以冬孢子堆在杨树病叶上越冬,次年5月越冬孢子遇水或潮气后萌发,借气流传播到落叶松叶片上,7～10天长出性孢子器,很快生成锈孢子器,锈孢子器不再侵染落叶松,借助风雨、气流飞落到杨树叶片上,经7～12天产生夏孢子堆,夏孢子萌发最适温度为15～20℃。6—7月夏孢子多次产生和重复侵染,从而加重病情。8月中下旬形成冬孢子越冬。

【防治措施】参考花椒锈病进行。

(142)竹叶锈病

【寄主植物】麻竹、慈竹。

【分布区域】甘宁镇、高梁镇、李河镇、后山镇、新田镇。

【病原】由担子菌亚门冬孢菌纲锈菌目的柄锈属的锈菌引起。性孢子器球形,生在表皮细胞下,锈孢子堆破皮而出,有杯状或圆柱形的包被;锈孢子串生,圆形到椭圆形,壁无色有小疣。夏孢子堆周围有或无侧丝,成熟后破皮而出为褐粉状;夏孢子单生于柄上,近球形、椭圆形或倒卵形,有小刺。冬孢子堆生寄主表皮下,熟后破皮而出,冬孢子细胞,每个细胞有一芽孔。

【发病规律】竹叶锈病是杂交竹引种区较严重的病害,但转主寄主不详,通常在5—8月发生,竹苗密集、湿度大的圃地较严重,有叶锈病的苗圃往往伴随黑痣病、煤污病的发生。成年竹林叶锈病的发生往往是幼苗锈病的继续。主要症状是叶片褐色、失绿。可侵染成竹、幼苗,叶上不产生坏死性病斑,而在叶背面产生黄褐色突起的孢子堆;严重时叶片萎蔫、卷曲、下垂、生长不良。

【防治措施】参考花椒锈病进行。

(143)楤木锈病

【寄主植物】楤木。

【分布区域】余家镇。

【病原】不详。

【发病规律】叶片受害,叶正面形成橙黄色圆形病斑,叶背面产生黄褐色突起的孢子堆。

【防治措施】略。

(144)松针锈病

【寄主植物】马尾松。

【分布区域】孙家镇、余家镇、弹子镇、新田镇、走马镇、铁峰乡。

【病原】担子菌门冬孢纲锈菌目,鞘锈菌属真菌 *Coleosporium solidaginis*（Schw.）Thüm。

【发病规律】染病松针初生褪绿斑,长短不一,在斑段的正面出现丘疹状褐色小点,排列成行,后转成暗褐色,且在褐色丘疹的对侧产生黄白色至橘黄色的疱囊,高 1~1.5mm。疱囊成熟后破裂散出黄色粉状物,后留下白色膜片,以后破裂脱落。病叶逐渐枯黄脱落。年年发病的油松主枝变短,严重时松枝干枯或全株死亡。

病菌冬孢子于秋后侵入针叶后越冬。翌年 4 月锈孢子器成熟后散出锈孢子,借风、雨传到一枝黄花或紫菀叶上并进行为害,5、6 月产生夏孢子堆,散出夏孢子进行再侵染,进入秋季形成冬孢子堆。

【防治措施】参考花椒锈病进行。

(145)松瘤锈病

【寄主植物】樟子松、油松、马尾松、黄山松、黑松、云南松等多种松树。其中感病最严重的有麻栎、栓皮栎、槲栎、白栎、短柄枹等。

【分布区域】余家镇、龙驹镇。

【病原】担子菌亚门冬孢菌纲锈菌目柱锈属的栎柱锈菌。

【发病规律】瘿瘤生在松树的主干或侧枝上,通常圆形,直径大小不一,大的可达 60cm,小的则为 5cm。瘿瘤表面的皮层作不规则的破裂,破裂处当年生出新的皮层,来年再破裂。久之皮层完全脱落,露出浸透松脂的木质部,其颜色变深。瘿瘤上部的枝条或树干日久即枯死或风折。

担孢子随风传播,落在松树枝干上后便萌发芽管自伤口侵入皮层中,以菌丝状态越冬。病害潜育期一般为 2~3 年。当瘿瘤形成后,每年 2 月在瘿瘤的皮层下产生性孢子器,4 月产生锈孢子器,成熟后散出锈孢子,随风传播到栎树的叶上,萌发后由气孔侵入,5—6 月产生夏孢子堆,进行重复侵染,7—8 月产生冬孢子柱,8—9 月冬孢子萌发产生担子及担孢子,又侵染松树。病菌菌丝体为多年生,年年产生新的性孢子及锈孢子,并刺激瘿瘤逐年增大。

根据历年观察结果,当气温在 12~14℃时,即有少数瘿瘤上散出锈孢子,温度越高,散出的锈孢子越多。在 22~25℃的温度范围内与连续的饱和湿度下,栎树大量发生叶锈病,严重的整个叶片布满孢子堆。病害的传播方向和流行区域常取决于当地的主风向。病害分布与海拔有一定的关系,松瘤锈病分布在海拔 500~1200m 之间,并以 700m 处发病最烈。病害发生与地形也有关系。阴暗、潮湿的山谷最适宜发病。

【防治措施】

①清除病源。结合林木抚育工作,在春季锈孢子器成熟以前,剪除枝上病瘤或砍伐重病株。在适合发病的地区,不营造松栎混交林,并尽量清除距松林 1km 以内的栎类转主寄主。

②加强成林管理。保持成林适当的疏密度,及时进行修枝、疏伐,使林间通风透光,促进林木健壮成长。

③药剂防治。幼林喷洒 1% 波尔多液,65% 可湿性代森锌 500 倍液,65% 可湿性福美铁或 65% 可湿性福美锌的 300 倍液,有一定的效果。使用 0.025%~0.05% 链霉菌酮液喷洒树干,兼有预防和治疗的作用。

(146)银杏叶斑病

【寄主植物】银杏。

【分布区域】百安坝街道、陈家坝街道。

【病原】银杏多毛孢属半知菌亚门、腔孢纲、黑盘孢目 *Pestalotia ginkgo* Hori(银杏盘多毛孢)。

【发病规律】病害发生于叶片周缘,逐渐发展成组织交界楔形的病斑,色褐或浅褐,后呈灰褐色。病健组织交界处有鲜明的黄色带。至病害后期,在叶片的正反面产生散生的黑色小点,有时呈轮纹状排列。阴雨潮湿时,从小点处出现黑色带状或角状的黏块。

此病以菌丝体及其子实体在病叶上越冬。经风雨或昆虫传播,引起发病。7—8月前后开始发病,到秋季发病加重。强风、夏季的高温干燥和暴晒较烈的环境,以及植株衰弱,树叶受虫伤较多,病害发生非常严重。

【防治措施】

①栽培管理。改善立地条件,提供良好的排灌系统;注意基肥的施用,以有机肥为主,注意氮、磷、钾的平衡施用,避免高氮肥,培养健壮树势,增强抗病能力,及时收集病叶,集中烧毁。

②化学防治。可采用国光景翠药液或用康圃 1000 倍药液对叶面喷施,喷药适在发病前夕或初期进行。也可喷施喷洒 10％波尔多液,或 65％代森锌可湿性粉剂 400～600 倍液,或 30％百科乳油 1000～2000 倍液,交替使用。

(147)枇杷叶斑病

【寄主植物】枇杷属。

【分布区域】百安坝街道、小周镇、大周镇。

【病原】不详。

【发病规律】叶斑病是斑点病、灰斑病、角斑病的总称,三者往往混合发生,轻则叶上出现斑点,影响光合作用,削弱树势,重则影响产量。发病重时叶上密布病斑,叶片明显变小,许多小病斑联合成大病斑,使病叶局部或全叶枯死。

①斑点病。专门危害枇杷叶片,叶上病斑初期为赤褐色小点,后扩大成圆形,中央为灰黄色,外缘呈灰棕色或赤褐色。许多病斑往往连成一大块,呈不规则形,使病叶局部或整张枯死。后期在病斑上长出许多小黑点,轮纹状排列,但有时散生。这些小黑点就是斑点病的分生孢子器。

②灰斑病。主要危害叶片,也危害果实,是叶斑病中发病较多的一种。叶片受害,初期病斑呈黄色圆点,直径 2～4mm,以后迅速扩大,连成不规则的大病斑,中央呈灰白色或灰黄色,边缘具有明显的黑色环带,多呈圆形,较规则,比斑点病的病斑大些。果实受害,初时产生紫褐色圆形斑点,发病很快,不久就凹陷,后期病斑上长出许多散生的小黑点(病原菌分生孢子器)。

③角斑病。仅危害枇杷叶片。病斑初现时为赤褐色小点,后以叶脉为界,逐渐扩大,呈不

规则的多角形,周围有黄色晕环。后期病斑中央赤褐色稍褪色,以后长出黑色霉状小粒点(系分生孢子及分生孢子梗)。

④枇杷叶斑病。主要以分生孢子及菌丝体在病叶或病果的残体上越冬,在温暖多湿的环境中容易发生。一年多次侵染,多雨季节是斑点病盛发期。在长江中下游产区,3月中、下旬至7月中旬,9月上旬至10月底,都是此病的迅速蔓延发展期。梅雨季节,在土壤贫瘠、排水不良、管理不善、生长较差的果园更易发病。干旱时,灰斑病、角斑病易发生。品种间对此病的抗性也有差异,如浙江余杭生长势强的品种夹脚、宝珠,江苏吴县的青种等较抗病。而生长势中等或稍弱的,如余杭的五儿、头早、二早、软条白砂,吴县的照种、白玉易感病。此病多从嫩叶的气孔或果实的皮孔及伤口入侵。

【防治措施】

①加强栽培管理,增强树势,提高抗病能力。施足春季萌芽和果实发育肥,夏季及时施采后肥;深沟高畦、加强排水;剪除密枝,改善通风透光环境,降低树冠内湿度;即时清园、减少病原菌;夏、秋干旱季节,即时灌水或覆草抗旱、增强树势。

②化学防治参考银杏叶斑病。

(148)油桐黑斑病

【寄主植物】油桐。

【分布区域】铁峰乡、铁峰山林场。

【病原】油桐尾孢菌(学名:*Cercospora aleuritides* Miyake),属半知菌亚门、丝孢纲、丛梗孢目、暗色孢科、尾孢属真菌。

【发病规律】油桐叶斑病又称黑斑病,是油桐叶和果实的常见病害,也是主要病害之一。叶片上的病斑初期为圆形褐色小斑点,后扩大成多角形,直径5～15mm,呈暗褐色,又名角斑病。多个病斑相连后,使叶枯焦早落。后期在高湿条件下,斑两面长出黑霉状的分生孢子梗和分生孢子。桐果感病后,初期呈淡褐色圆斑,后扩大成近圆形黑褐色硬疤,又名黑疤病,直径可达1～4cm,稍凹陷,潮湿时也会长出黑色霉状物。

病菌以假子囊壳在病叶、病果的病斑内越冬,次年油桐展叶期,子囊孢子成熟,借风、雨传播,萌发后由气孔侵入叶片,开始初侵染。5月以后,产生分生孢子,进行多次重复侵染,7—8月为叶、果发病盛期,至采果落叶后越冬。千年桐品种抗病,三年桐品种感病。尤以葡萄桐最易感病。海拔560m以下发病重。幼林和20年生以上的成熟林较4～16年生的壮龄林发病重。密度大和管理粗放的纯林发病重。重病区历年发病都较重。

【防治措施】

①因地制宜种植抗病品种。

②加强林区管理:适时适地种树,结合营林措施,在发病林区内每年采果落叶后,收集落叶,落叶集中堆肥或烧毁,减少侵染菌源。

③化学防治参考银杏叶斑病。在缺水山区,喷洒草木灰石灰粉混合剂(1∶1或3∶2)也有较好效果。

(149)刺槐叶斑病

【寄主植物】洋槐。

【分布区域】五桥街道、太龙镇、黄柏乡。

【病原】不详。

【发病规律】发病初期叶缘或叶尖出现褐色小斑点，扩展后呈不规则形病斑，暗褐色，后为灰白色不规则形斑，发病后期病斑为灰色或灰褐色，斑缘为暗褐色线纹，病斑外围有或没有黄色病变。大病斑呈纸状。潮湿条件下病部长出少量的黑色小点粒。叶斑病菌在病残体或随之到地表层越冬，翌年发病期随风、雨传播侵染寄主。温室中四季均可发生。连作、过度密植、通风不良、湿度过大均有利于发病。

【防治措施】参考银杏叶斑病。

(150)大叶黄杨白粉病

【寄主植物】大叶黄杨。

【分布区域】五桥街道。

【病原】半知菌亚门的正木粉孢霉 *Oidium euonymi-japonicae*。

【发病规律】主要危害黄杨叶片，也危害茎。易受白粉病危害的是嫩叶和新梢，其最明显的症状是在叶面或叶背及嫩梢表面布满白色粉状物，后期渐变为白灰色毛毡状。严重时叶卷曲，枝梢扭曲变形，甚至枯死。在叶片上开始产生黄色小点，而后扩大发展成圆形或椭圆形病斑，表面生有白色粉状霉层。一般情况下部叶片比上部叶片多，叶片背面比正面多。霉斑早期单独分散，后联合成一个大霉斑，甚至可以覆盖全叶，严重影响光合作用，使正常新陈代谢受到干扰，造成早衰，生长严重受影响。

病菌以菌丝体在寄主的芽内越冬或以分生孢子在病叶上越冬，翌年从春季至秋季均可发病，温暖而干燥的气候条件有利于病害的发展。4—5月发病较多。随着叶片的老化，病斑发展受限制。7—8月，整个病斑变成黄褐色。

【防治措施】

①注重改善大叶黄杨的生长环境，使之通风透光。合理灌溉、施肥，增施磷钾肥，增强植株长势，提高抗病能力。剪除感病较重的病叶、病梢，并集中处理。对普遍感病且株龄较大者，可结合更新复壮对植株进行修剪防治。

②化学防治。可喷施"景翠"药液或采用"康圃"1500~2000倍液＋"三唑酮"1500倍混合液；抗病性强的白粉病可用"景慕"1500~2000倍药液来进行喷施，每7~10天喷1次，连喷3~4次，这样可有效防治病害。

(151)槐树白粉病

【寄主植物】槐树、黄檀。

【分布区域】武陵镇。

【病原】Uncinula sinensis Tai & Wei 称中国钩丝壳,属子囊菌亚门真菌。

【发病规律】主要发生在叶两面,叶面多于叶背,叶两面初现白色稀疏的粉斑,后不断增多,常融合成片,似绒毛状,严重的布满全叶,后期常出现黑色小粒点,即病菌闭囊壳。病原菌以菌核、分生孢子在寄主植物病残体上越冬。5—6月和8—10月为发病盛期,以秋后为重。

【防治措施】

①及时清除、销毁枯枝落叶。

②发病初期喷洒国光三唑酮1500倍液,或国光黑杀(12.5%烯唑醇可湿润粉)2000倍喷雾防治。连用2~3次,间隔10~15天。

(152)枫杨白粉病

【寄主植物】八角枫属。

【分布区域】恒合土家族乡。

【病原】子囊菌亚门球针壳属的榛球针壳菌 Phyllactinia corylea (Pers.) Karst.。

【发病规律】多发生于叶背,初期叶上为退绿斑,发生严重时,布满粉煤层,后期病叶上布满黑色小点即病原菌的闭囊壳。病菌以闭囊壳在病残体上越冬。翌年春暖,条件适宜时,释放子囊孢子进行初侵染,以后产生分生孢子进行再侵染,借风、雨传播。此病发生期较长,5—9月均可发生,以8—9月发生较为严重。

【防治措施】

①注意清洁卫生,花期结束后及时拔除被害茎叶烧毁,减少侵染源。

②注意透风透光,不宜栽植过密,增施磷钾肥料,提高植株抗病能力。

③药剂防治可在发芽前或生长期两个阶段进行,应注意避开植物的开花期和高温期(32℃以上)用药。药剂选用同大叶黄杨白粉病。

(153)紫薇白粉病

【寄主植物】紫薇。

【分布区域】响水镇。

【病原】南方小钩丝壳 Uncinuliella australiana (Maclp.) Zheng & Chen,属子囊菌亚门白粉菌目真菌。

【发病规律】紫薇白粉病是一种真菌性病害,主要危害叶片,并且嫩叶比老叶容易被侵染。该病也危害枝条、嫩梢、花芽及花蕾。发病初期,叶片上出现白色小粉斑,扩大后呈圆形或不规则形褪色斑块,上面覆盖一层白色粉状霉层,后期白色粉状霉层变为灰色。花受侵染后,表面被覆白粉层,花穗畸形,失去观赏价值。受紫薇白粉病侵害的植株会变得矮小,嫩叶扭曲、畸形、枯萎,叶片不开展、变小,枝条畸形等,严重时整个植株都会死亡。

紫薇白粉病是以菌丝体在病芽、病枝条或落叶上越冬,翌年春天温度适合时越冬菌丝开始生长发育,产生大量的分生孢子,并借助气流进行传播和侵染。病害一般在4月开始发生,

6月趋于严重,7—8月会因为天气燥热而趋缓或停止,但9—10月又可能再度重发。紫薇白粉病在雨季或相对湿度较高的条件下发生严重,偏施氮肥、植株栽植过密或通风透光不良均有利于发病。

【防治措施】

①园艺防治。紫薇萌枝力强,所以对发病重的植株,可以在冬季剪除所有当年生枝条并集中烧毁,从而彻底清除病源。家庭盆栽的紫薇如果发现感染了紫薇白粉病,要及时摘除病叶,并将盆花放置在通风透光处。田间栽培要控制好栽培密度,并加强日常管理,注意增施磷、钾肥,控制氮肥的施用量,以提高植株的抗病性;同时也要注意选用抗病品种。

②药剂防治。发病严重时,可在春季萌芽前喷施3~4波美度石硫合剂;生长季节发病时,防治方法同大叶黄杨白粉病。

(154)板栗白粉病

【寄主植物】板栗。

【分布区域】长岭镇、新田镇、白羊镇、龙驹镇、罗田镇、长坪乡。

【病原】子囊菌纲白粉菌目的球针壳菌 *Phyllactinia corylea* (pers.) Karst.。

【发病规律】病叶上初生块状褪绿的不规则形病斑,后在叶背面或嫩枝表面形成白色粉状物,即病菌的菌丝及分生孢子。秋季,在白色粉层中产生初为黄白色、后为黄褐色、最后变为黑色的小颗粒状物,即病菌的闭囊壳。幼芽、嫩叶受害严重时呈卷曲、枯焦状,不能伸展。嫩枝受害严重时可扭曲变形,最后枯死。

病原主要以闭囊壳在板栗落叶、病梢或土壤内越冬。翌春,由闭囊壳放出子囊孢子,借气流传播到嫩叶、嫩梢上进行初次侵染。通常在4月上、中旬至5月中旬开始出现,6—7月病情达到高峰;8—9月高温、干旱,病情稍稍缓和;10—11月中旬,在白粉层上,大量产生闭囊壳,进入越冬期,在病叶或病梢上越冬。板栗林或苗木过密,低洼潮湿,通风透光不良,或者光照不足,都有利于病原菌侵染和流行;苗圃地偏施氮肥,磷、钾不足,苗木徒长,或入夏后气候干燥,板栗生长势下降,气孔开张时间过长,都有利于病菌侵染,发病严重。

【防治措施】

①彻底清除有病的枝梢和落叶并及时烧毁,耕翻林地或圃地土壤,消灭越冬病源。

②合理施肥,不偏施氮肥,重病区适量增施磷钾肥,增加植株抗性。③药剂防治。在4—6月发病期,喷0.2~0.3波美度石硫合剂或1∶1∶100倍波尔多液(每半个月一次,连续喷洒2~3次),70%的甲基托布津1000倍液,50%的多菌灵或退菌特可湿性粉剂800~1000倍液、福可多牌10%吡虫啉可湿性粉剂1000倍液。

(155)李炭疽病

【寄主植物】李。

【分布区域】分水镇。

【病原】围小丛壳菌 *Glomerella cingulata* (Stonem) Spauld et Schrenk。

【发病规律】炭疽病主要危害果实,也能危害新梢和叶片。幼果受害时,先出现水渍状褐色病斑,逐步扩大呈圆形或椭圆形红褐色病斑,病斑处明显凹陷。气候潮湿时长出粉红色的小点,果实成熟期最明显的症状是病斑呈同心环状皱缩。病果绝大多数腐烂脱落,少数呈僵果挂在枝上。枝条受害后,产生褐色凹陷的长椭圆形病斑,表面也长出粉红色小点,枝条一边弯曲,叶片下垂纵卷呈筒状。叶片发病产生圆形或不规则形病斑,有粉红色小点长出。最后病斑干枯脱落形成穿孔。

该病菌主要是以菌丝体在病梢组织或僵果中越冬,翌年,春季长出分生孢子,随风、雨传播和昆虫传播,在条件适宜时进行再侵染。幼果期遇到低温多雨的天气,果实成熟期遇到闷热潮湿的天气,易发病,管理粗放、树势较弱的果园发病较严重。一般早熟品种发病重,晚熟品种发病较轻。

【防治措施】

①加强果园管理。合理施肥灌水,增强树势;科学修剪,剪除病残枝及茂密枝,将病残物集中深埋或烧毁,减少病源。

②选择较抗病品种。

③化学防治。平时可采用国光碧来500倍液或国光英纳600～800倍液对全株进行喷施预防;发病初期可采用国光景翠药液或用康圃1000倍药液对叶面喷施。也可采用代森锰锌、三唑酮、戊唑醇或嘧菌酯等药剂防治,每15天喷1次,连续2～3次。

(156)樟树炭疽病

【寄主植物】樟。

【分布区域】牌楼街道、双河口街道、龙都街道、钟鼓楼街道、陈家坝街道。

【病原】胶孢炭疽菌 *Colletotrichum gloeosporioides*、樟盘长孢 *Colletorichum cinnamomi* 和围小丛壳菌 *Glomerella cingulate* 等。

【发病规律】本病危害枝干、叶片和果实,主要症状是枯梢。对苗圃或幼林危害较重,大树较轻。幼嫩枝干上的病斑开始时圆形或椭圆形,大小不一,初为紫褐色,渐变为黑褐色,病部稍下陷,以后病斑联结融合,若绕枝条一圈,枝条上部变黑干枯,重病株病斑沿主干向下蔓延,最后整株死亡。叶片、果实上的病斑圆形,融合后呈不规则形,暗褐色至黑色,嫩叶皱缩变形,潮湿天气,在病嫩茎、病叶上常看到淡桃红色的点状物,此为病菌的分生孢子盘。春夏之交,病部有时长出球形黑色小点,此为病菌的子囊壳。

病菌以菌丝、分生孢子盘或子囊壳在病株枝梢或脱落的病枝、叶果上越冬。第2年春,当气温上升到18℃左右时,病菌产生分生孢子,借风、雨传播。遇阴雨天气,空气湿度大时,飘落在枝、叶上的孢子萌发,通过伤口、自然孔口或直接侵入植株组织细胞内,10天左右就会出现病害症状。每年的发病期5—10月,以7—9月最严重。雨日长、雨水多、温度高、台风频繁的年份病害扩展迅速,最易流行,这是因为台风吹打造成大量伤口有利于病菌侵入,台风夹雨有助于病菌传播更远的距离。土壤干旱,砂质贫瘠,发病较多。造林密度小、林分难以郁密的比造林密度大、能及时郁密的病重。

【防治措施】

①适地适树,选择土壤肥沃、湿润林地造林,是预防病害发生的有效措施。

②提高造林质量,加强抚育管理。如在土质较差地方造林,应施用有机肥料,并适当密植,或间种农作,作追肥压青,促进樟树幼林生长旺盛,以利早日郁闭成林。

③剪除幼树病枝、病叶,集中烧毁。

④化学防治参考李炭疽病。

(157)小叶榕炭疽病

【寄主植物】榕树。

【分布区域】双河口街道。

【病原】不详。

【发病规律】叶尖或叶缘处常出现圆形至椭圆形的病斑。炭疽病发展后期,病斑中央呈现灰褐色至灰白色,带有轮纹,而且病斑上会出现一些针头大小的黑色小点,病情严重时这些黑色小点形成孔洞。炭疽病发病期主要为每年的4—10月,遇高温高湿天气或在通风不良的环境中极易发病,通常长势较弱的小叶榕发病最重。

【防治措施】

①及时清除病花、病叶,保持环境清洁卫生。

②加强肥水管理,注意排水,降低湿度。

③化学防治参考李炭疽病。

(158)杉木炭疽病

【寄主植物】杉木。

【分布区域】武陵镇、李河镇、分水镇、分水林场、新田林场。

【病原】不详。

【发病规律】此病在4—5月间发生,为害新老针叶和嫩梢。开始叶尖变褐或生不规则形斑点,逐渐向下扩展,使全部针叶变褐枯死,并可延及嫩梢,使嫩梢变褐枯死。在老枝上,通常只危害针叶,茎部较少受害。枯死的病叶两面生有黑色小点状分生孢子盘,高湿气候下出现粉红色孢子堆。

病菌以菌丝在病组织内越冬。分生孢子由风、雨传播。经人工接种试验,在20~27℃潜育期8~13天。在自然条件下有潜伏侵染现象,即秋季侵染,至次年春才发病,一般4月初开始发病,4月下旬至5月上旬为盛期,6月以后停止。到秋季黄化的新梢,又有少量发病。浅山丘陵地区,由于土壤瘠薄、黏重板结,透水不良或低洼积水,营造杉木因根系发育不良,发生黄化现象后,最易感染炭疽病。

【防治措施】

①坚持适地适树的原则,提高整地标准和造林质量,加强抚育管理、施肥、压青,促使幼林健壮生长,增强其抗病能力。

②对黄化的杉木幼林,除加强土肥水管理外,在晚秋和早春病菌侵染期,喷洒 1∶2∶200 倍波尔多液,或 50％退菌特、托布津、多菌灵 800 倍液防治;还可用 75％百菌清可湿性粉剂 500～600 倍或 70％代森锰锌可湿性粉剂 125～175g,兑水 40～60kg 喷雾防治。

③杉木幼树如已郁闭成林,在傍晚静风条件下,可施放五氯酚钠等杀菌烟剂防治。

(159)茶炭疽病

【寄主植物】茶。

【分布区域】长岭镇、太安镇。

【病原】围小丛壳 *Glomerella cingulata*（Stonem.）Spauld. et Schrenk,属子囊菌纲、球壳菌目真菌。

【发病规律】主要为害成叶,也可为害嫩叶和老叶。病斑多从叶缘或叶尖产生,水渍状,暗绿色,圆形,后逐渐扩大成不规则形大型病斑,色泽黄褐色或淡褐色,最后变灰白色,上面散生小型黑色粒点。病斑上无轮纹,边缘有黄褐色隆起线,与健全部分界明显。

以菌丝体在病叶中越冬,次年当气温上升至 20℃ 以上,相对湿度 80％ 以上时形成孢子,主要借雨水传播,也可通过采摘等活动进行人为传播。孢子在水滴中发芽,侵染叶片,经过 5～20 天后产生新的病斑,如此反复侵染,扩大为害。温度 25～27℃,高湿度条件下最利于发病。本病一般在多雨的年份和季节中发生严重。全年以初夏梅雨季和秋雨季发生最盛,扦插苗圃幼龄茶园或台刈茶园。由于叶片生长柔嫩,水分含量高,发病也多。单施氮肥的比施用氮磷钾混合肥的发病重。品种间有明显的抗病性差异,一般叶片结构薄软、茶多酚含量低的品种容易感病。

【防治措施】清除病叶,剪去病梢,并集中烧毁。栽植时适当稀植,要求土壤疏松肥沃,排水良好,pH 值 5.0～6.5 的沙壤土。养护时避免伤害叶片,减少强光照射,防止日灼。化学防治参考李炭疽病。

(160)杉木叶枯病

【寄主植物】云杉属、冷杉属。

【分布区域】熊家镇。

【病原】云杉散斑壳菌 *Lophodermium uncinatun* Darker. 属子囊菌亚门真菌。

【发病规律】多发生在杉木树冠下部、中部的针叶上。自枝条基部针叶向顶梢方向蔓延。为害老叶多,新叶少。春夏季感病针叶出现黄斑,并逐渐加深,扩展全叶,秋季则呈枯黄色。在枯黄的病叶上可见圆形黑色的小点,即病菌的分生孢子器。翌年 3 月上、中旬,病叶上有或无黑色细横线、长椭圆形漆黑色具光泽的小颗粒,中央有条纵裂缝,为病菌的子囊盘。病叶一般长时间不脱落。

【发病规律】病菌以菌丝体或子囊盘在病叶中越冬。翌年春末夏初子囊孢子陆续成熟,从子囊盘中释放,借风、雨传播,侵染针叶为害。中龄林或郁闭度较大的林分受害较多。林地水肥条件差,造林后未及时抚育管理或林分过密,下部枝叶通风透光不良,杉木生长衰弱,容易感病。

【防治措施】

①因地制宜种植抗病树种。

②造林前要提高整地质量,造林后几年加强抚育管理。促使幼林生长旺盛,增强抗病力。

③严格控制造林密度,初植密度较大的林分,当林木郁闭时要及时间伐,并清除林内有病枯枝叶,以推迟杉木生长衰老和减少病菌蔓延发生。

④化学防治。发病期选择用抗菌霉素、代森锰锌、腈菌唑或菌毒清等化学防治,每15天喷1次,连续2~3次。

(161)侧柏叶枯病

【寄主植物】侧柏属。

【分布区域】余家镇、弹子镇、铁峰乡、九池乡、铁峰山林场。

【病原】侧柏绿胶杯菌 *Chloroscypha platycladus*。

【发病规律】侧柏叶枯病发生在春季。幼苗和成林均受害。病菌侵染当年生新叶,幼嫩细枝亦往往与鳞叶同时出现症状,最后连同鳞叶一起枯死脱落。病菌侵染后,当年不出现症状,经秋冬之后,于翌年3月叶迅速枯萎。潜伏期长达250余天。6月中旬前后,在枯死鳞叶和细枝上产生黑色颗粒状物,遇潮湿天气吸水膨胀呈橄榄色杯状物,即为病菌的子囊盘。受害鳞叶多由先端逐渐向下枯黄,或是从鳞叶中部、茎部首先失绿,然后向全叶发展,由黄变褐枯死。受害部位树冠内部和下部发生严重,当年秋梢基本不受害。

病害在发生初期往往呈现发病中心,其中心多位于林间岩石裸露、土层浅薄、侧柏生长势衰弱的地段。生长势差的病害重。

病害的严重程度与6月的气温和降雨量呈正相关。并受冬季的气温和降雨量的制约,呈负相关。6月高温降雨量大,冬季寒冷干燥,次年病情就严重,反之亦然。

【防治措施】侧柏叶枯病防治应立足于营林技术措施,促进侧柏生长,采取适度修枝和间伐,以改善生长环境,减少侵染源。有条件的可以增施肥料,促进生长。化学防治可以采用杀菌剂烟剂,在子囊孢子释放盛期的6月中旬前后,按每公顷15kg的用量,于傍晚放烟,可以获得良好的防治效果。采用40%灭病威、40%多菌灵、40%百菌清500倍液剂,在子囊孢子释放高峰时期喷雾防治,效果优于烟剂。

(162)樟树煤污病(香樟煤污病)

【寄主植物】樟。

【分布区域】牌楼街道、双河口街道、龙都街道、钟鼓楼街道、陈家坝街道。

【病原】不详。

【发病规律】在叶面、枝梢上形成黑色小霉斑,后扩大连片,使整个叶面、嫩梢上布满黑霉层。由于煤污病菌种类很多,同一植物可染上多种病菌,其症状上也略有差异。呈黑色霉层或黑色煤粉层是该病的重要特征。

煤污病病菌以菌丝体、分生孢子、子囊孢子在病部及病落叶上越冬,翌年孢子由风、雨、昆虫等传播。寄生到蚜虫、介壳虫等昆虫的分泌物及排泄物上或植物自身分泌物上或寄生在寄主上发育。高温多湿,通风不良,蚜虫、介壳虫等分泌蜜露害虫发生多,均加重发病。

【防治措施】

①植株种植不要过密,适当修剪,通风透光良好,切忌环境湿闷。

②植物休眠期可喷 3～5 波美度的石硫合剂,消灭越冬病源。

③该病发生与分泌蜜露的昆虫关系密切,喷药防治蚜虫、蚧虫等刺吸性害虫,减少发病机会。

④对于寄生菌引起的煤污病,可用 80% 代森锰锌铵 500～800 倍液或用矿物油安纳 350～500 倍液喷雾防治。每隔 7 天 1 次,连续 3～4 次即可达到防治效果。

(163)慈竹煤污病

【寄主植物】慈竹、麻竹。

【分布区域】熊家镇、新田镇。

【病原】煤炱目和小煤炱目的多种真菌。

【发病规律】煤炱目的真菌系植物枝、叶表面的腐生菌,以介壳虫、蚜虫、粉虱等昆虫的分泌物为营养来源,有时也能利用植物本身的分泌物。它在叶片表面形成一片黑褐色的、表面粗糙的、厚薄不均匀的菌苔,严重时整个叶片的小枝被菌苔覆盖,以致影响竹子的光合作用。菌台在缺乏营养或环境不适的条件下,收缩干裂,可自行从叶面剥离。小枝上的症状与叶片上的症状相似。小煤炱目的真菌是植物叶片上的专性寄生菌,菌丝表生、黑色,以吸器伸入寄主的表皮细胞内吸取养分,故在叶片表面通常呈黑色圆形霉点,后扩展成不规则形或相互连接成一片,覆盖在叶上表面。

病菌借风、雨和昆虫传播,常在春秋两季发病。慈竹煤污病的发生常与竹林管理不善、竹林密度过大、竹子生长细弱以及蚜虫、介壳虫的为害有密切关系。

【防治措施】

①加强竹林的抚育管理,及时砍伐竹株,保持合理的竹林密度,使竹林通风透光,竹子生长强壮,可减轻发病。

②该病由蚧虫、蚜虫诱发引起,因此,应及时防治虫害。

③化学防治参考樟树煤污病。

(164)马尾松赤枯病

【寄主植物】马尾松。

【分布区域】孙家镇、天城镇、熊家镇、余家镇、新田镇、白羊镇、龙驹镇、铁峰乡、燕山乡、恒合土家族乡、茨竹乡。

【病原】枯斑盘多毛孢 *Pestalotiopsis funerea* Desm,属半知菌亚门、腔孢纲、盘菌目、盘菌科、盘多毛孢属真菌。

【发病规律】主要危害幼林新叶,少数老叶也受害。受害叶半截或全叶枯死,受害林分一片枯红,状似火烧。受害叶初现褐黄色或淡黄棕色段斑,后变淡棕红色,最后呈浅灰色或暗灰色,病斑边缘褐色。病部散生圆形或广椭圆形,由白膜包裹的黑色小点,即病原菌的分生孢子盘。新病叶在室温下保湿1~3天后,出现黑褐色丝状或卷须状分生孢子角。根据病斑上、下部叶组织是否枯死,计有叶尖枯死型、叶基枯死型、段斑枯死型和全株枯死型4种症状。

以分生孢子和菌丝体在树上病叶中越冬。在落地病叶上越冬者极少,且全部以分生孢子越冬。翌年平均气温16℃以上时,约5月上旬,分生孢子开始散放。以6月(四川)及7月(贵州)捕捉量最多,6月及8月次之,11月(月平均温度16℃以下)基本停止散放。一般雨天或雨后捕捉孢子量最多,晴天较少。林缘、树梢及树冠,比林内、冠下及冠内发病重,这表明分生孢子借雨水机械脱离,随雨滴被气流带走。

气温是影响该病害发生、发展的主要因子。而多雨高湿有利于病害的发生、发展。新叶感病后一星期左右,产生新的子实体,遇雨产生大量分生孢子盘,以此进行多次重复侵染,5—9月均可产生新的子实体,7月为高峰期。

【防治措施】621硫烟剂加硫黄细粉(按8:2比例均匀混合而成)防治效果为91%~95%,741烟剂效果为88%~92%。此外,也可用45%代森铵200~300倍液或65%代森锌200倍液对树冠进行喷雾防治,每亩地用150kg;或者喷施"石灰+草木灰+退菌特"(1:8:1)混合粉剂进行防治。烟剂防治本病宜于6月进行,用量每公顷11~15kg,1年1次即可。如遇赤枯病和赤落叶病或落叶病混生的林分,需在6月和8月各放1次,用药量应适当增加。

(165)柳杉赤枯病

【寄主植物】柳杉属。

【分布区域】恒合土家族乡。

【病原】巨杉尾孢菌 *Cercospora sequoiae* Ell. et Ev.,属半知菌亚门、丝孢纲、丝孢目、暗色孢科真菌。

【发病规律】柳杉赤枯病主要危害1~4年生苗木的枝叶。一般要苗木下部首先发病,初为褐色小斑点,后扩大并变成暗褐色。病害逐渐发展蔓延到上部枝叶,常使苗木局部枝条或全株呈暗褐色枯死。在潮湿的条件下,病斑上会产生许多稍突起的黑色小霉点,这便是病菌的子座及着生在上面的分生孢子梗及分生孢子。病害也可直接危害绿色主茎或从小枝、叶扩展到绿色主茎上,形成暗褐色或赤褐色稍下陷的溃疡斑,如果发展包围主茎1周,则其上部即枯死。有时主茎上的溃疡斑扩展不快,但也不易愈合,随着树干的直径生长逐渐陷入树干中,形成沟状病部。这种病株虽不一定枯死,但易遭风折。

病菌主要以菌丝在病组织内越冬,第2年春(4月下旬至5月上旬)产生分生孢子,由风、雨传播,萌发后经气孔侵入,约3周后出现新的症状,再经7~10天病部即产生孢子进行再次侵染。该病发展快慢除与当年大气湿度和降雨情况密切相关。春夏之间降雨持续时间长的年份,发病常较重。在梅雨期和台风期最有利于病菌的侵染。另外,苗木过密,通风透光差,湿度大或氮肥偏多等,都易促使苗木发病。柳杉赤枯病在1~4年生的实生苗上最易发生。随着树龄的增长,发病逐渐减轻,7~10年以上便很少发病。扦插苗一般较实生苗抗病力强。

【防治措施】

①清除侵染来源。如果是连作或邻近有病株,必须尽可能彻底清除和烧毁原有病株(枝),或冬春深耕把病株(枝)叶埋入土中,新区发现病苗,应立即烧毁,减少初次侵染来源,严格禁止病苗外调。

②合理施肥,培育无病状苗。施肥要合理,氮肥不宜偏多,提高苗木抗性,培育无病状苗。

③化学防治。参考马尾松赤枯病。

(166)桃缩叶病

【寄主植物】桃。

【分布区域】甘宁镇、高梁镇、分水镇。

【病原】畸形外囊菌[(*Taphrina deformans* (Berk.) Tul)],病菌有性时期形成子囊及子囊孢子,多数子囊栅状排列成子实层,形成灰白色粉状物。子囊圆筒形,顶端扁平,底部稍窄,无色。内生8个或不足8个子囊孢子,椭圆形或圆形,单胞,无色。

【发病规律】在新梢下部先长出的叶片受害较严重,长出迟的叶片则较轻。如新梢本身未受害、病叶枯落后,其上的不定芽仍能抽出健全的新叶。新梢受害呈灰绿色或黄色,比正常的枝条短而粗,其上病叶丛生,受害严重的枝条会枯死。花和幼果受害后多数脱落,故不易觉察。未脱落的病果,发育不均,有块状隆起斑,黄色至红褐色,果面常龟裂。这种畸形果实,不久也要脱落。

桃缩叶病菌以子囊孢子或芽孢子在桃芽鳞片上或潜入鳞片缝内越冬。次年春季桃树萌芽时,越冬孢子也萌发长出芽管侵染嫩芽幼叶引起发病。初侵染发病后产生新的子囊孢子和芽孢子,通过风雨传播到桃芽鳞片上并潜伏在内进行越冬,当年一般不发生再侵染。

桃缩叶病的发生与春季桃树萌芽展叶期的天气有密切关系:低温、多雨潮湿的天气延续时间长,不但有利于越冬孢子的萌发,而且还延长了桃树萌芽展叶的时间,即延长了侵染时期,因而发病就重,若早春温暖干旱,发病就轻。一般早熟品种较中、迟熟品种发病重。

【防治措施】

①在花瓣露红(未展开)时,喷洒一次2~3波美度的石硫合剂或1:1:100波尔多液,消灭树上越冬病菌的效果好,一般须连续防治2~3年;也可喷布45%晶体石硫合剂30倍液,70%代森锰锌可湿性粉剂500倍液,70%甲基硫菌灵可湿性粉剂1000倍液。注意用药要周到细致,桃树出芽后一般不需要再喷农药。在发病很严重的桃园,由于果园内菌量极多,一次喷药往往不能全歼病菌,可在当年桃树落叶后(11—12月)喷2%~3%硫酸铜一次,以杀灭黏附在冬芽上的大量芽孢子。

②在病叶初见而未形成白粉状物时及时摘除病叶,集中烧毁,可减少当年的越冬菌源。发病较重的桃树,由于叶片大量焦枯和脱落,应及时增施肥水,加强培育管理,促使树势恢复。

(167)杏疔病

【寄主植物】杏属。

【分布区域】孙家镇。

【病原】杏疔座霉 *Polystigma deformans* Syd,属于囊菌亚门真菌。

【发病规律】又称杏黄病、红肿病。主要危害新梢、叶片,也可危害花和果实。新梢染病节间缩短,其上叶片变黄、变厚,从叶柄开始向叶脉扩展,以后叶脉变为红褐色,叶肉呈暗绿色,变厚,并在叶正反两面散生许多小红点,即病菌分生孢子器。后期从小红点中涌出淡黄色孢子角,卷曲成短毛状或在叶面上混合成黄色胶层。叶片染病叶柄变短,变粗,基部肿胀,节间缩短。7月以后黄叶渐干枯,变为褐色,质地变硬,卷曲折合呈畸形。8月以后病叶变黑,质脆易碎,叶背面散生小黑点,即子囊壳。黑叶于树上经久不落,病枝结果少或不结果。花染病病花多不易开放,花苞增大,花冠、花瓣不易脱落。果实染病生长停滞,果面生淡黄色病斑,生有红褐色小粒点,病果后期干缩脱落或挂在树上。

该病以子囊壳在病叶内越冬,春季从子囊壳中弹射出子囊孢子随气流传播到幼芽上,条件适宜时萌发侵入,随新叶生长在组织中蔓延;分生孢子在侵染中不起作用。子囊孢子在1年中只侵染1次,无再侵染。5月间出现症状,10月间叶变黑,并在叶背产生子囊越冬。

【防治措施】

①清洁果园。因为杏疔病菌只有初侵染而无再侵染,所以从发芽前至发病初期彻底剪除病梢、病芽、病叶,清除地面病叶、病果,集中深埋或烧毁,可收到良好的防治效果。

②化学防治。杏树发芽前全树喷 3~5 波美度石硫合剂,10~15 天喷一次,连续 3 次,以消灭树上的病原菌。从杏树展叶期开始,每 10~14 天喷一次 70% 甲基托布津可湿性粉剂 700 倍液或 50% 多菌灵可湿性粉剂 600 倍液、70% 代森锰锌可湿性粉剂 700 倍液、1∶1.5∶200 倍波尔多液、30% 绿得保胶悬剂 400~500 倍液、14% 络氨铜水剂 300 倍液,用药时注意轮换交替用药。发病不重时,喷 1~2 次药均可取得理想的防治效果。

(168)油茶茶苞病

【寄主植物】油茶。

【分布区域】高梁镇。

【病原】细丽外担菌[*Exobasidium gracile* (Shirai) Syd.]。该菌的外担子层长在肥大变形的植物组织表面,成熟后呈灰白色。担子球棒状,无色,担子上端有 4 个小梗,每个小梗着生孢子1个。担孢子椭圆形或倒卵形,无色,单胞,成熟后有 1~3 分隔,呈现淡色。两种发病形态的担孢子形态是一致的。

【发病规律】本病主要危害花芽、叶芽、嫩叶和幼果,产生肥大变形症状。由于发病的器官和时间不同,症状表现略有差异。主要发病形态是病原侵染当年不发病,越夏后才发病,其症状表现为整体性。子房及幼果罹病膨大呈桃形,一般直径 5~8cm,最大的直径达 12.5cm;叶芽或嫩叶受害常表现为数叶或整个嫩梢的叶片成丛发病,呈肥耳状。症状开始时表面常为浅红棕色或淡玫瑰紫色,间有黄绿色。待一定时间后,表皮开裂脱落,露出灰白色的外担子层,孢子飞散。最后外担子层被霉菌污染而变成暗黑色,病部干缩,长期(约 1 年)悬挂枝头而不脱落。

次要发病形态是在发病高峰后期,约在3月下旬出现,是病菌侵染淡绿色向绿色过渡的叶片,当年引起发病而产生的,其症状表现常为局部性。罹病叶片形成1cm左右的圆形斑,一叶有1~3块,有的2~3块相连形成大斑。斑块比叶的正常部分肥厚,表面稍凹陷,紫红色或浅绿色;背面微凸起,粉黄色或烟灰色。最后斑块干枯变黑,常引起落叶。

该病季节性明显,在低纬度地区,一般只在早春发病一次,发病时间相对较短。个别较阴凉的大山区,发病期可拖延至4月底。病菌有越夏特性,以菌丝形态在活的叶组织细胞间潜伏。病害的初侵染来源是越夏后引起发病的成熟担孢子,而绝不是干死后残留枝头的旧病物。病菌孢子以气流传播,在发病高峰期担子层成熟后大量释放孢子。

病菌孢子的萌发、侵入并引起发病要有3个条件,即水分、温度和叶龄。最适发病的气温是12~18℃。空气相对湿度在79%~88%、阴雨连绵的天气有利于发病。在气温16~19℃,在水分、空气充足的条件下,孢子萌发率在65%以上。萌发后的孢子产生芽管,从气孔或直接穿透侵入植物组织。

叶龄影响着病菌的侵入和发病。据观察,油茶新叶在半月内是淡绿色的,1个月左右的叶片渐呈绿色,最后呈深绿色。随着绿色加深,叶的质地亦加厚变硬。病菌容易侵入淡绿色叶片,并引起发病。病菌侵入后处在潜育阶段时,由于叶龄增加或气温不适宜发病时,发病常会被抑制、推迟。若叶片处在绿色阶段,尚能产生次要发病形态。当叶片已呈深绿色,发病则受抑制。病菌潜伏越夏(气温20℃以上),待来年春季再引起发病,产生主要发病形态。因此,根据病害的发生过程,病害的侵染循环是一个大循环,而中间可能有一次小循环(产生次要发病形态)。

【防治措施】在担孢子成熟飞散前,摘除病物烧毁或土埋,可获得72%以上的防治效果。必要时在发病期间喷洒1∶1∶100波尔多液或敌克松500倍液,可分别获得75%和62%以上的防治效果。

(169)枫香角斑病

【寄主植物】枫香树。

【分布区域】长岭镇、分水林场。

【病原】不详。

【发病规律】病斑形状为多角形的一类病害,与褐斑病形态类似。主要危害叶片、叶柄、卷须和果实,苗期至成株期均可受害,开始时产生褐色小斑点,后以叶脉为界,逐渐扩大,呈不规则的多角形,色赤褐,周围往往有黄色晕环,后期长出黑色霉状小点。一般在7—9月发生此病。多从下部叶片先感病,逐渐向上蔓延扩展。植株生长不良,多雨季节发病重,病原在病叶及残体上越冬。

【防治措施】

①秋季清除病落叶,集中烧毁,减少侵染源。

②发病时可喷50%多菌灵可湿性粉剂700~1000倍液,或70%代森锰锌可湿性粉剂800~1000倍液,或80%代森锰锌500倍液。10天喷1次,连喷3~4次有较好的防治效果。

(170)阔叶树毛毡病

【寄主植物】苦槠、槭、杨、柳、椴、胡桃、枫杨、赤杨、青冈栎、桤木、天竺桂、喜树、樟、榕树、黄栎、梨、荔枝、龙眼、柑橘等林木及果树的叶片。

【分布区域】长滩镇、铁峰乡。

【病原】不详。

【发病规律】被害叶片最初于叶背产生苍白色不规则病斑,以后被害处表面隆起,形成灰白色、毛毡状的斑块,并逐渐着色,颜色因种类的不同而不同,有的紫褐色或紫红色。受害叶面上的茸毛状物是表皮细胞受病原物刺激后伸长和变形的结果。多数茸毛相聚呈毛毡状,故称毛毡病。被害植株叶片萎缩,严重时影响树木的光合作用,使生长衰弱,产量降低。病害严重叶片常发生变形(皱缩或卷曲),质地变硬。被害植株叶片萎缩,严重时影响树木的光合作用,使生长衰弱,产量降低。病害于春季嫩叶生长时开始发生,至夏秋季为害最甚,高温而干旱的条件下发生严重,晚秋以后逐渐停止为害。

【防治措施】

①加强管理,及时剪除有螨枝条和叶片,集中烧毁或深埋。

②芽萌动前,对发病较重的林木喷洒45%晶体石硫合剂30倍液及克螨特等杀螨剂。发病期,6月初至8月中下旬,每15天喷洒1次45%晶体石硫合剂300倍液或喷洒硫磺粉,共喷3~4次。

(171)阔叶树藻斑病

【寄主植物】茶树、油茶、山茶、杧果树、柑橘、荔枝、龙眼、火力楠(酸香含笑)、玉兰、冬青、梧桐、柑橘、合欢、重阳木、樟树、橡胶等。

【分布区域】走马镇。

【病原】由寄生性红锈藻 *Cephaleuros virescens* Kunze. 引起。

【发病规律】藻斑病又称白藻病,是我国南方热带、亚热带地区常见的一类病害,寄生在多种阔叶树上。藻斑主要出现在叶片正面,叶背面也偶有发现。初为针头状的灰白色、灰绿色或黄褐色小圆点,后逐渐向四周扩展,形成圆形、椭圆形或不规则的稍隆起的病斑,表面密布有细微、直立的红色纤毛,呈毛毡状,并具有略呈放射状的细纹。随着病斑的扩展,病斑中央逐渐老化,转呈灰褐色或深褐色,边缘仍保持绿色。藻斑大小不等,大者直径可达10mm。嫩枝被侵染后,寄生藻侵入皮层内部,表面症状不明显,直到第2年生长季节,病部表面出现寄生藻的红褐色、毛状孢囊梗时,才表现红色。

红锈藻以营养体在寄主受病组织中越冬。每年5、6月,在炎热潮湿的气候条件下产生孢囊梗和游动孢子囊。成熟的孢子囊很容易脱落,借雨滴飞溅或气流传播。孢子囊在水中散放出游动孢子,从气孔侵入叶片组织。在嫩枝上,红藻侵入外部皮层,使病部略显肿大,为其他病原物的侵染提供有利条件。温暖潮湿的气候条件适宜于锈藻孢子囊的产生和传播。因此,在降雨频繁、雨量充沛的季节,藻斑病的扩展蔓延最快,树冠密集、过度荫蔽、通风透光不良也有利于病害的发生和发展。土壤瘠薄、缺肥、干旱或水涝、管理不善等原因造成树势衰弱,均会导致藻斑病的发展和蔓延。

【防治措施】

①加强管理,合理施肥,注意排水及灌溉,控制土壤肥力和水分,及时修剪,避免过密,通风透光,提高抗病能力。

②冬季要清园,平时注意清除病枝落叶,减少病原菌。

③在病区内,每年4—5月定期喷洒0.6%~0.7%石灰半量式波尔多液,可抑制病害的发生发展。

(二)类菌原体类病害

(172)泡桐丛枝病

【寄主植物】白花泡桐。

【分布区域】新田镇。

【病原】植原体 $Phytoplasma$ sp.,属于真细菌界硬壁菌门柔膜菌纲。

【发病规律】分布极广,一旦染病,在全株各个部位均可表现出受害症状。常见的有2种类型。一种是丛枝型,即在个别枝上腋芽和不定芽大量萌发,丛生许多纤细小枝,节间变短,叶序紊乱,叶片小、黄且薄,有时有的叶片皱缩。病枝上的小枝又可抽出小枝,如此重复数次,小枝越来越细弱,叶也越来越小,小枝多直立,整个丛枝呈扫帚状。幼苗发病则植株矮化。另一种是花变枝叶型,花瓣变成叶状,花柱或柱头生出小枝,花萼明显变薄,花托多裂,花蕾变形。病苗翌年发芽早,萌芽密,且集中于近根约10cm处,顶梢多枯死。刨开土壤,其地面下根系也呈丛生状。病枝常在冬季枯死,其树皮坏死。一年生苗木发病,表现为全株叶片皱缩,边缘下卷,叶色发黄,叶腋处丛生小枝,发病苗木当年即枯死。

病害可借嫁接、病根繁殖、病苗的调运传播;病菌可通过媒介昆虫取食,如烟草盲蝽、茶翅蝽传毒。病原侵入泡桐植株后引起一系列生理病态化,病叶叶绿素含量明显减少,粗蛋白质减少,过氧化氢酶活性明显降低,从而导致树的同化作用降低,能量积累减少,枝叶呈现瘦小、黄化、营养不良而逐渐枯死。病原在树体内可严重干扰叶内氮代谢,导致枝叶增生,树木出现病态。有时泡桐受侵染后不表现症状,这种无症状的植株有可能被选为采根母树。用病枝叶浸出液以摩擦、注射、针刺等方法接种泡桐实生苗,均不发生丛枝病;种子、病株土壤也不传病。不同地理、立地条件和生态环境对丛枝病的发生蔓延有一定关系,发病有一定的地域性,高海拔地区往往较轻。用种子育苗在苗期和幼树未见发病。实生苗根育苗代数越多发病越重。根繁苗、平茬苗发病率显著增高。泡桐不同品种类型发病差异大。一般兰考泡桐、楸叶泡桐、绒毛泡桐发病率较高,白花泡桐、川泡桐较抗病。

【防治措施】

①培育无病苗木。严格选用无病母树供采种和采根用。注意从实生苗根部采根。采根后用 40～50℃温水浸根 30 分钟,或用 50℃温水加土霉素(浓度为 $1000×10^{-6}$)浸根 20 分钟有较好防病效果。不用留根苗或平茬苗造林,发病严重的地方最好实行种子育苗。

②及时检查苗圃和幼林地,发现病株及时刨除烧毁。

③对病枝进行修除或环状剥皮。在春季泡桐展叶前,在病枝基部将韧皮部环状剥除,环剥宽度根据环剥部位的枝条粗细而定,一般为 5～10cm,以不能愈合为度,以阻止病原由根部向树体上部回流。夏季修除病枝,用利刀或锯把病枝从基部切除,伤口要求光滑不留茬,注意不撕裂树皮,切口处涂 1:9 土霉素碱、凡士林药膏。若有新萌生的病枝,可再次修除,使病原不能下行到根部。

④化学防治。泡桐发病后,及早用每 mL 中有 1 万单位的兽用土霉素碱或四环素溶液,用树干注射机髓心注射或根吸治疗。具体方法如下:髓心注射。1～2 年生幼苗或幼树髓心松软,可直接用针管将药液注入髓部;大树可于树干基部病枝一侧上下钻 2 个洞,深至髓心,之后将药液慢慢注入其中。根吸治疗。在距树干基部 50cm 处挖开土壤,在暴露的根中找 1cm 粗细的根截断,将药液装入瓶内,把根插入,瓶口用塑料布盖严,一定时间后,药液就被树体吸入。在苗木生长期间用 200 单位的土霉素溶液喷洒 1～2 次,可收到较好的效果。

⑤选用抗病品种造林。

(173)竹丛枝病

【寄主植物】慈竹。

【分布区域】新田镇、铁峰乡。

【病原】竹丛枝瘤痤菌 *Balansiatake* (Miyake) Hara.,属子囊菌亚门、核菌壳目。

【发病规律】发病初期,少数竹枝发病。病枝春天不断延伸多节细弱的蔓枝。每年 4—6 月,病枝顶端鞘内产生白色米粒状物,大小为 (5～8)mm×3mm。有时在 9—10 月,新生长出来的病枝梢端的叶鞘内也产生白色米粒状物。病株先从少数竹枝发病,数年内逐步发展到全部竹枝。

病害的发生是由个别竹枝发展至其他竹枝,由点扩展至片。有时从多年生的竹鞭上长出矮小而细弱的嫩竹。在老竹林,以及管理不良、生长细弱的竹林容易发病。4 年生以上的竹子或日照强的地方的竹子,均易发病。

【防治措施】

①加强竹林的抚育管理,定期樵园,压土施肥,促进新竹生长。

②及早砍除病株,逐年反复进行,可收到良好的效果。

③建造新竹林时,不能在病区挖取母竹。

④每年 4—6 月,用粉锈宁 300 倍液或 50%多菌灵 500 倍液喷洒 2～3 次。

四、入侵物种

(一)入侵昆虫

(174)悬铃木方翅网蝽 *Corythucha ciliata*（Say）

【寄主植物】悬铃木属,构树、杜鹃花科、山核桃树、白蜡树等林木。

【分布区域】百安坝街道。

【主要形态特征】成虫虫体乳白色,在两翅基部隆起处的后方有褐色斑;体长3.2~3.7mm,头兜发达,盔状,头兜的高度较中纵脊稍高;头兜、侧背板、中纵脊和前翅表面的网肋上密生小刺,侧背板和前翅外缘的刺列十分明显;前翅显著超过腹部末端,静止时前翅近长方形;足细长,腿节不加粗;后胸臭腺孔远离侧板外缘。若虫体形似成虫,但无翅,共5龄。

【发生规律】1个世代大约30天,1年可发生2~5代或更多世代,世代重叠严重;每个雌虫平均可产卵284个,成虫最低存活温度为-12.2℃。雌虫产卵时先用口针刺吸叶背主脉或侧脉,伸出产卵器插入刺吸点产卵,产完卵后分泌褐色黏液覆在卵盖上,卵盖外露。成虫在寄主树皮下或树皮裂缝内越冬;该虫可借风或成虫的飞翔做近距离传播,一只成虫的最远飞行距离可达到20km;也可随苗木或带皮原木做远距离传播。

【防治措施】

①物理防治。成虫群集于悬铃木树皮内或落叶中越冬,因此,秋季刮除疏松树皮层并及时收集销毁落叶可减少越冬虫的数量。该蝽出蛰时对降雨敏感,可于春季出蛰结合浇水对树冠虫叶进行冲刷,也可在秋季采用树冠冲刷方法来减少越冬虫量。

②营林措施。适时修剪亦可减少发生世代数。经常修剪的悬铃木在春季和夏季都会萌发新叶并形成旺长枝,从而提供害虫的春季和夏季世代所需食物。而隔5~6年才修剪的树体主要形成花枝,只在春季萌发新叶,所以害虫只能发生春季世代。

③化学防治。通常采用的方式有树冠喷雾、树干喷雾和树干注射等。树冠喷雾多选择在

若虫期和初量羽化成虫期施药,选择早上无风时进行高压喷叶,使药液穿透冠层并湿润叶片下表面,药剂以内吸剂为佳;树干喷雾在4月越冬害虫出来危害、10月下旬成虫寻找越冬场所时进行,药剂以触杀剂为佳。若考虑减少对环境的影响,可采用效果较好、污染较小、用药次数较少的树干注射法进行施药。树干注射治虫要注意2个问题:一是药剂剂型,以内吸性水剂为佳;二是单株用药量要足够。每株树注射用原药量按树木胸径而定:每厘米胸径用原药1~3mL,胸径10cm以下树用原药量1mL/cm;胸径10~25cm树为2mL/cm;胸径25cm以上的为3mL/cm。注药孔多少要因树木大小而定,胸径10cm以下的树1孔;10~25cm的2孔;25~35cm的3孔;35cm以上的4孔。这样效果最佳,防治效果达95%以上。

在发生期,对树冠喷施10%吡虫啉600~800倍液或40%氧化乐果800~1000倍液,或48%毒死蜱乳油800~1000倍液喷雾,间隔7~10天喷一次,根据为害程度连喷2~3次,即可达到防治效果。

(175)桉树枝瘿姬小蜂 *Leptocybe invasa*

【寄主植物】桉树属植物。

【分布区域】响水镇、龙沙镇、武陵镇、甘宁镇等。

【主要形态特征】体较小;雌虫体长为1.1~1.4mm,褐色,略带蓝绿色金属光泽。头扁平,骨化程度较弱,易皱缩;呈三角形排列的3个单眼周围有一深沟;侧单眼间距明显长于单复眼间距;复眼暗红色,近圆形;颚眼沟明显弯曲,颊相对较大,圆形;唇基端部呈双叶状凸出。触角9节,柄节、梗节黄色,其余褐色至浅褐色。触角窝位于唇基和中单眼之间、复眼连线上方。前胸背板短,中胸盾片无中线,侧缘有2~3根短刚毛;小盾片近方形;并胸腹节长,无中脊和侧褶。前足基节黄色,中、后足基节黑色,腿节和跗节黄色。翅透明,亚前缘脉具3~4根刚毛;痣后脉短,翅痣与后缘脉之间有一块透明小区;基室无刚毛。腹部短,卵形,肛下板只伸至腹部的一半。产卵器鞘短,长度不达腹部末端。雄虫形态近似于雌虫,略修长,体长为0.8~1.2mm,略小于雌虫;触角10节,梗节中部具腹面突,索节和棒节轮生纤长触角毛;足基节褐色至暗褐色,具有金属光泽,前翅透明,无痣后脉;痣脉至前缘区域几乎光裸;腹部与胸部等长。卵乳白色,棒状,由卵柄和卵体两部分组成,卵柄略呈弓形弯曲。幼虫蛆形且近球形,微小,乳白色球状,无足。蛹为离蛹,卷曲呈近球形;初化蛹时为乳白色,略透明,之后颜色逐渐加深,老熟时体色与成虫相近。

【发生规律】主要危害桉属树木的幼苗。受害部位多集中于树冠上层枝叶。寄主受害后,在叶脉、叶柄、嫩梢、嫩茎、嫩枝上均可形成虫瘿,叶、枝肿大,新梢和侧枝丛生。造成苗木变形、倒伏、枝叶枯萎凋落、植株矮化、生长迟缓,基本不能成林。该小蜂孤雌生殖,繁殖能力强,自然条件下1年发生2~3代,世代重叠,以老熟幼虫或蛹在虫瘿内越冬。卵多产于1~2周内萌芽的嫩叶、嫩梢和幼嫩叶柄、中脉两侧和上皮组织中,呈一直线排开。幼虫于瘿室内发育直至羽化。一张叶片上的虫瘿通常为3~6个,虫瘿颜色随内部幼虫的发育进度而异。自然扩散靠成虫飞行,人为携带繁殖材料是远距离传播的主要方式。

【防治措施】加强植物检疫工作,对桉树枝瘿姬小蜂疫区进行封锁,加强检疫,控制桉树枝瘿姬小蜂人为扩散。对1~2年生严重受害的桉树林分采取砍光、烧光、清理光"三光"措施；3年生以上受害桉树林分要全部实施皆伐利用，就地销毁带虫枝、叶、树皮。所有砍伐后的桉树伐桩不能再萌芽利用，采取除草剂对桉树伐根进行抑萌处理。轻度受害桉树幼林通过喷洒无公害化学农药（如虫线清乳油、乐果溶液或吡虫啉溶液等）进行防治，控制虫口、减轻危害，加强林木水肥管理，促进林木生长，提高其抗虫能力，能起到较好的效果。

(176) 红火蚁 *Solenopsis invicta* Buren

【寄主植物】多种草皮、苗木、盆景植物。

【分布区域】万州区近年在城区偶见零星分布。

【主要形态特征】工蚁有腹柄结2个；触角一般10节，末2节呈锤棒状；头部近正方形至略呈心形，长1.00~1.47mm，宽0.90~1.42mm。头顶中间轻微下凹，不具带横纹的纵沟；唇基中齿发达，长约为侧齿的一半，有时不在中间位置；唇基中刚毛明显，着生于中齿端部或近端；唇基侧脊明显，末端突出呈三角尖齿，侧齿间中齿基以外的唇基边缘凹陷雌蚁和雄蚁有单眼，雌蚁触角一般11节，雄蚁触角一般12节。并胸腹节不具刺或齿。

【发生规律】对人体、农林业、公共安全和地区生态多样性都具有危害性。红火蚁属群居土栖性昆虫，一般选在田埂、空地、山坡、水泥建筑旁等开阔向阳、通风透水的地方筑巢，成熟的蚁巢高度在10~40cm之间，多在15~30cm，蚁丘直径30~50cm。雨后天晴的时候，红火蚁会重新修理蚁巢，这时候最容易发现红火蚁的蚁巢。

红火蚁繁殖力强大，雌雄交配即婚飞，通常在春末夏初时的适宜条件下发生。雄性个体交尾后便死去，已交尾的雌性则要寻找合适的地方筑巢。雌蚁最初产卵10~15枚，蚁后会一直照看幼体到长大成熟。这些幼体成熟后，就作为第1批工蚁开始照看蚁后产下的卵，并承担一些与群体维护相关的其他工作。蚁后随后每天可产卵1500~5000枚，庞大的蚁族就此产生，新蚁群形成4个月以后，就开始新一轮繁殖。

卵经过7~10天胚胎发育后孵化成无足蛆状幼虫。幼虫的发育经过4个龄期。卵发育历期：20~45天（工蚁）、30~60天（大型工蚁）、80天（兵蚁、蚁后和雄蚁）。蚁后寿命6~7年，工蚁和兵蚁寿命1~6个月。

【防治措施】主要采用二阶段处理法：在发现或疑似有红火蚁入侵的区域，大范围全面散布灭蚁饵剂，优先选用诱杀型饵剂如蚁净胺、红火蚁克星，用药量1.5~2.5g/m²，选择天气晴朗的上午9—10时投药。大范围诱杀投药后10~14天，再使用独立蚁丘处理方法，即针对蚁巢独立施药。优先选用红蚁净，每个蚁巢用药5~15g，选择天气晴朗的上午9时左右施药，并持续处理直到问题解决。二阶段处理方法建议每年处理2次，通常在4—5月处理第1次，在9—10月再处理第2次。其中，独立蚁丘处理法，在严重危害区域与中度危害区域以灌药或粉剂、粒剂直接处理可见的蚁丘，可以有效防除98%以上的可见蚁丘。饵剂法：使用红火蚁饵剂多为颗粒状或粉状，有杀蚁饵剂、红蚁净等，饵剂使用期限短，一个蚁巢需放置10~30g或撒于蚁区，24小时内无雨，使用后效果明显。

四、入侵物种

（177）刺槐叶瘿蚊 *Obolodiplosis robiniae*

【寄主植物】刺槐、香花槐等。

【分布区域】长岭镇、分水镇、天城镇。

【主要形态特征】雌虫体长3.2～3.8mm；触角丝状，14节，鞭节各小节长圆柱形，中部稍缢缩；各小节上均有2圈长刚毛，基部1圈明显长于近端部的1圈，但均比雄虫触角上的短。复眼大，几乎占据头顶大部分区域。胸部背面有3个长形大黑纵脉，侧面2个黑斑向后延伸至胸部后缘，中部的黑斑仅后伸至胸中部。前翅发达，翅面黑色绒毛很密，翅面仅具3条纵脉；后翅特化成平衡棒，棒端部显著膨大，呈橘红色。腹部橘红色，明显比雄性粗壮，腹末稍尖，生殖器不外露。足细长，均显著长于体。雄虫与雌虫相似，但体较小，体长2.7～3.0mm，触角26节，鞭节各节为球形和中部缢缩成倒葫芦形的小节相间排列，球形与倒葫芦形小节上均有1圈长刚毛，刚毛中间混生有环状毛，倒葫芦状的小节基端小球形突上还有1圈环状毛。腹部背面黑褐色，具浅色而较密的细毛；外生殖器显著膨大而外露于腹末；肛尾叶大，近分开；肛下板特化成2个近圆形的叶状突，将阳茎包围；生殖刺突长且明显，长于其基部的生殖突基节。卵：长卵圆形，淡褐红色，半透明，长0.27mm，宽0.07mm。幼虫体长2.8～3.6mm，纺锤形至长椭圆形，乳白色至淡黄色；前胸腹面中央具一叉形褐色剑骨片；幼虫的9对气门分别着生于前胸和腹部1～8节的背面两侧。蛹体长2.6～2.8mm，淡橘黄色，翅、足等附肢黏连，位于蛹体腹面，但与蛹体分离，下伸达蛹体长的3/4处，腹部2～8节背面各基部具一横排褐色刺突；头顶两侧各具1个深褐色的长刺，直立而伸出于头顶。

【发生规律】刺槐叶瘿蚊1年发生6代，4月底至9月初为成虫发生期，越冬代成虫的羽化期集中在4月中下旬至5月中上旬。最适宜的温度范围为25～30℃，最适宜潮湿气候。一般在夏季发育快，15天左右即可完成一代。

卵散产于刺槐小叶叶片背面，幼虫孵化后聚集到叶片背面沿叶缘取食，刺激叶片组织增生肿大，导致叶片沿侧缘向背面纵向皱卷形成虫瘿，幼虫隐藏其中取食危害。部分被害叶片边缘由黄色变深红色，变厚变脆，最后变黑褐色早落。受害叶片易感染白粉病，使被害叶片不能正常伸展，造成刺槐提前落叶而导致树势衰弱。由于叶片受损，严重阻碍和影响树木的光合作用，树势迅速衰弱直至死亡。

【防治措施】严格植物检疫；从保护天敌、保护环境考虑，防治药剂首先考虑对天敌、环境安全的特异性杀虫剂；从防治时间来看，重点做好防治越冬代。对于上一年度虫情较为严重的地片，在刺槐叶瘿蚊越冬代成虫羽化出土前用40%毒死蜱乳油500倍液、50%辛硫磷乳油1000倍液进行土壤处理；成虫羽化期和卵期用5%氟铃脲乳油1000倍液、4.5%高效氯氰菊酯乳油1500倍液叶面喷洒防止卵孵化。一般发生地区，根据虫情在虫瘿形成初期用具内吸性的特异性杀虫剂20%抑食肼悬浮剂1000倍液、20%灭蝇胺悬浮剂1000倍液或5%吡虫啉乳油2000倍液、1%阿维菌素乳油2000倍液、4.5%高效氯氰菊酯乳油1500倍液叶面喷雾。

（二）入侵植物病害

(178) 松材线虫病

【寄主植物】马尾松、黑松、赤松。

【分布区域】小周镇、大周镇、天城镇、熊家镇、高梁镇、李河镇、龙驹镇、分水林场。

【发病规律】松材线虫病，又称松树萎蔫病，是由松材线虫（$Bursaphelenchus\ xylophilus$）引起的具有毁灭性的森林病害，属我国重大外来入侵种，已被我国列入对内、对外的森林植物检疫对象。在我国，松褐天牛（$Monochamus\ alternatus$）是该病的主要传媒昆虫。致病力强，寄主死亡速度快；传播快，且常常猝不及防；一旦发生，治理难度大。

松材线虫通过松褐天牛补充营养的伤口进入木质部，寄生在树脂道中。在大量繁殖的同时移动，逐渐遍及全株，并导致树脂道薄壁细胞和上皮细胞的破坏和死亡，造成植株失水，蒸腾作用降低，树脂分泌急剧减少和停止。所表现出来的外部症状是针叶陆续变为黄褐色乃至红褐色，萎蔫，最后整株枯死。

该病的发生与流行与寄主树种、环境条件、媒介昆虫密切相关。低温能限制病害的发展，干旱可加速病害的流行。松褐天牛1年发生1代。于5月下旬至6月上旬羽化。从患病树中羽化出来的天牛几乎100%携带松材线虫。天牛体中的松材线虫均为耐久型幼虫，主要在天牛的气管中，一只天牛可携带上万条，多者可达28万条。2月前后分散型松材线虫幼虫聚集到松褐天牛幼虫蛀道和蛹室周围，在天牛化蛹时分散型幼虫蜕皮变为耐久型幼虫，并向天牛成虫移动，从气门进入气管，这样天牛从羽化孔飞出时就携带了大量线虫。当天牛补充营养时，耐久型幼虫就从天牛取食造成的伤口进入树脂道，然后蜕皮形成成虫。感染松材线虫病的松树往往是松褐天牛产卵的对象，翌年松褐天牛羽化时又会携带大量的线虫，并"接种"到健康的松树上，导致病害扩散、蔓延。

【防治措施】

①检疫措施。直观检验：此种方法主要在产地调查时使用。在调查时仔细观察树木发育是否正常，注意查看有无树脂分泌减少、停止，针叶变褐、萎蔫，枝干及整株枯死的现象，同时观察树干上有无天牛蛀食的痕迹、产卵孔、羽化孔等，如有再行解剖检查。解剖检验：用工具将可疑感病的树木锯断劈开，看材质重量是否明显减轻；木质部有无蓝变现象；树干内有无松褐天牛栖居的痕迹。漏斗分离检验：从罹病木发病部位或天牛栖居处钻取木材组织并粉碎，用双层纱布包好，置于下方带有胶管和截流夹的玻璃漏斗上，加水浸泡12小时，取下部浸泡液离心，取其沉淀液15mL，置于解剖镜下，对照松材线虫的形态特征进行检查鉴定。检疫处理：木材及其产品在使用前或出境、进境前用60℃热处理或杀线虫剂处理。检疫中发现有携带松材线虫的松木及包装箱等制品，应立即用溴甲烷熏蒸处理，或浸泡于水中5个月以上，或立即送工厂切片后用作纤维板、刨花板或纸浆等工业原料以及作为燃料及时烧毁。对利用价

值不大的小径木、枝丫等可集中烧毁,严防遗漏。

②农业措施。林地清理,砍除和烧毁病树和垂死树,清除病株残体,这是一种较可靠的对策。特别是在危害区采用此法抑制病原的扩散是切实可行的。伐除后必须烧毁和/或进行处理,否则将成为新的感染源。设立隔离带,以切断松材线虫的传播途径,如此,可切断天牛的食物补给,可有效地控制天牛虫媒的扩散,以达到防治松材线虫的目的。

③化学防治。一是清除媒介。在晚夏和秋季(10月以前)喷洒杀螟松乳剂(或油剂)于被害木表面(每平方米树表用药400～600mL),可以完全杀死树皮下的天牛幼虫;在冬季和早春,天牛幼虫或蛹处于病树木质部内,喷洒药剂防治效果差,也不稳定。伐除和处理被害木,残留伐根要低,同时对伐根进行剥皮处理,伐木枝梢集中烧毁。原木处理可用溴甲烷熏蒸或加工成薄板(2cm以下)。原木在水中浸泡100天,也有80%以上的杀虫效果。这些措施都必须在天牛羽化前完成。在天牛羽化后补充营养期间,可喷洒0.5%杀螟松乳剂(每株2～3kg)防治天牛,保护树冠。二是防治。在线虫侵染前数星期,用丰索磷、乙伴磷、治线磷等内吸性杀虫和杀线剂施于松树根部土壤中,或有丰索磷注射树干,预防线虫侵入和繁殖。采用内吸性杀线剂注射树干,能有效地预防线虫侵入。

④生物防治。利用白僵菌防治昆虫介体,也可用捕线虫真菌来防治松材线虫。

⑤抗病品种。主要利用马尾松、火炬松和日本黑松杂交,选育抗病品种。

(179)猕猴桃细菌性溃疡病

【寄主植物】猕猴桃属。

【分布区域】孙家镇、响水镇、白土镇、铁峰乡。

【发病规律】主要危害叶、果实及枝蔓,严重影响果实产量和果实品质。发病多从茎蔓幼芽、皮孔、落叶痕、枝条分叉部开始,初呈水渍状,后病斑扩大,色加深,皮层与木质部分离,用手压呈松软状。后期病部皮层纵向线状龟裂,流清白色黏液。该黏液不久转为红褐色。病斑可绕茎迅速扩展,用刀剖开病茎,皮层和髓部变褐色,髓部充满乳白色菌脓。受害茎蔓上部枝叶萎蔫死亡。基部发病,则上部枝条枯死后,近地面部位或砧木部,又可萌发新枝,叶片发病,病部先形成红色小点,外围有不明显的黄色晕圈,后小点扩大为2～3mm不规则暗绿色病斑,叶色浓绿,黄晕明显,宽2～5mm,在潮湿条件下可迅速扩大为水渍壮大斑。病斑由于受叶脉限制,呈多角形。

该病远距离传播主要通过苗木、接穗等栽植材料和果实。幼苗较成年树易感染此病,树龄越大,发病越轻。低温高湿条件有利于发病,春季均温10～14℃,如遇大风雨或连日高湿阴雨天气,病害易流行。新梢生长期是发病盛期,若为阴雨天气,为猕猴桃溃疡病的发生和流行提供了有利条件,因此各地猕猴桃种植者必须在溃疡病易发时期,积极展开各种溃疡病防治工作。

【防治措施】一旦溃疡病病症出现,如不及时防治,会给果园带来严重损失,因此种植者一定要做好"防"的工作。

①增强树势,提高土壤肥力。增施有机肥,改良土壤,达到土壤疏松肥沃,以利猕猴桃根

系扩展和深扎,大力推进配方施肥,猕猴桃应实时挂果,合理负载,科学管理,保持健壮的树势,提高抗溃疡病的能力。

②栽培抗病品种。必须重视选育、培育和栽植抗病品种,逐步淘汰感病品种,从根本上提高优良品种对溃疡病的抗性。

③严禁从疫区引苗,对外来苗木要进行苗木处理。消毒处理方法是:用每毫升含700单位的农用链霉素溶液加入1%酒精作辅助剂,消毒1.5小时。

④减少病菌侵入途径。一般于冬季12月修剪,修剪的刀具应用90%酒精消毒,剪一株消毒一次,剪刀口应光滑平整,减少大的伤口,冬剪结束后及时喷药"封闭三口"(果柄口、叶柄口、剪口),并把带病菌的枯枝落叶带出园外集中烧毁,结合修剪除去病虫枝、病叶、徒长枝、下垂枝等,凡菌脓流经的枝条,应全部剪除,以减少传染病源。2月底至3月上中旬为植株伤流期,不宜再作修剪。春季溃疡病盛期时定时巡查,一旦发现感病较重病株及时清除烧毁,控制病菌扩散。

⑤药剂防治。收果后或入冬前,结合果园修剪,普遍喷施1～2次3～5波美度石硫合剂或1:1:100波尔多液;立春后至萌芽前可喷施1:1:100波尔多液或50%琥珀酸铜(DT)可湿性粉剂500倍液;萌芽后至谢花期可喷50%加瑞农(春雷·王铜)可湿性粉剂500～800倍液等药剂,间隔10天喷1次。

发现病害时及时刮秆涂药和喷雾:先刮除病斑(将病害树皮、锯末运出园后烧毁),接近好皮时,刮刀消毒后,刮一部分好皮,然后可采用95%细菌灵原粉500倍液或60%百菌通30倍液或5%菌毒清水剂50倍液等药剂进行涂秆,涂抹4～5次,每7天涂抹1次,同时结合95%细菌灵原粉2000倍液加渗透剂或5%菌毒清水剂300倍液加渗透剂等药剂进行喷雾4～5次,每7天喷1次。

纵划涂抹和喷雾防治:用消过毒的小刀在枝蔓病斑上进行纵划,划口要大于病斑,然后用药剂进行涂抹,涂抹4～5次,每7天涂抹1次,同时结合喷雾4～5次,每7天喷1次,可使用药剂为95%CT细菌灵原粉2000倍液加渗透剂或5%菌毒清水剂300倍液加渗透剂等药剂。

(三)入侵植物

1. 旋花科 Convolvulaceae

(180)葛藤 *Pueraria lobata* (Willd.) Ohwi

【中文别名】跌打王、白牛藤、白面水鸡、藤续断、旋花藤、白背藤、黄藤等。

【分布区域】大周、甘宁、后山、新田、白土、溪口、梨树、普子等乡镇、铁峰山林场。

【主要形态特征】藤本,高达3m,茎圆柱形、被短绒毛。叶互生,宽卵形,长10.5～13.5cm,宽5.5～12cm,先端锐尖或渐尖,基部圆形或微心形,叶面无毛,背面被灰白色绒毛,侧脉多数,平行,在叶背面突起;聚伞花序腋生,总花梗短,密被灰白色绒毛;苞片明显,卵圆形,长及宽 2~3cm,外面被绒毛,内面无毛,紫色;花冠管状漏斗形,白色,外面被白色长柔毛,长 6~7cm;雄蕊及花柱内藏,雄蕊着生于管下部,花丝短,花药箭形;子房无毛,花柱丝状,柱头头状。

【生长习性】分布海拔 300~1500m,常长在草坡灌丛、疏林地及林缘等处,攀附于灌木或树上的生长最为茂盛。喜温暖湿润气候,喜阳。对土壤适应性广,除排水不良的黏土外,山坡、荒谷、砾石地、石缝都可生长,而以湿润和排水通畅的土壤为宜。耐酸性强,土壤 pH 值 4.5 左右时仍能生长。耐旱,年降水量 500mm 以上的地区可以生长。耐寒,在寒冷地区,越冬时地上部冻死,但地下部仍可越冬,第 2 年春季再生。

【防治措施】

①农业防治。在冬季枯叶期,可采用人工割除的方法,并且运出林区进行烧毁,在有条件的地方补种速生树种,以长期控制葛藤的生长。

②化学防治。在 3—4 月,葛藤生长初期,对取水方便且大面积连片发生葛藤的林地,可选择 24%盖灌能乳油 1000 倍液或 40%氧氟·草甘膦可湿性粉剂 500 倍液喷施;对取水不便且不适合大面积喷施的林地,宜选择 88.8%草甘膦铵盐可溶性粒剂或 5%环嗪酮颗粒剂 4g/株穴施。这 4 种药剂只需在生长季施药 1 次,即可使整株死亡。应该注意的是盖灌能乳油和氧氟·草甘膦对周边低龄树种会产生药害,且氧氟·草甘膦不宜在温度超过 28℃时使用。

(181) 金灯藤 Cuscuta japonica Choisy

【中文别名】日本菟丝子、大菟丝子、菟丝子、无娘藤、无根藤、飞来藤等。

【分布区域】分布于广东、广西、海南、福建、云南、贵州、四川、内蒙古、湖南、台湾等地区;万州区主要分布在天城镇、普子乡。

【主要形态特征】1 年生双子叶草本植物,无根,叶已退化成鳞片状。茎肉质,多分枝,形似细麻绳,直径 1~2mm,黄白色至枯黄色或稍带紫红色,上具有突起紫斑。花小而多,聚集成穗状花序,苞片和小苞片鳞状,卵圆形;花萼碗状,5 裂,背面常有紫红色瘤状突;花冠钟状,绿白色至淡红色,顶端分 5 裂,裂片稍立或微反折;雄蕊 5 枚,花丝无或几乎无,花药黄色,卵圆形;花柱细长,合生为一,柱头两裂。果实蒴果,卵圆形,内有种子 1~2 粒,略扁,有棱角,褐色。

【发生规律】金灯藤的繁殖方法有种子繁殖和藤茎繁殖两种。靠鸟类传播种子,或成熟种子脱落土壤,再经人为耕作进一步扩散;另一种传播方式是借寄主树冠之间的接触由藤茎缠绕蔓延到邻近的寄主上,或人为将藤茎扯断后有意无意抛落在寄主的树冠上。夏、秋季是菟丝子生长高峰期,开花结果于 11 月。

【防治措施】

①农业防治。掌握在金灯藤种子萌发期前进行中耕除草,将种子深埋在 3cm 以下的土壤中,使其难以萌芽出土。每年 5 月和 10 月,一旦发现金灯藤幼苗,应及时拔除烧毁。

②药剂防治。一般于 5—10 月,酌情喷药 1~2 次。有效的药剂有 10%草甘膦水剂 400~600 倍液加 0.3%~0.5%硫酸铵,或 48%地乐胺乳油 600~800 倍液加 0.3%~0.5%硫酸铵。喷施 6%的草甘膦水剂 200~250 倍液(5—8 月用 200 倍,9—10 月气温低时用 250 倍),施药应掌握在金灯藤开花结籽前进行,最好喷 2 次,隔 10 天喷 1 次。应注意,严禁将金灯藤的藤茎抛撒到果树上。果树新梢嫩叶期、开花结果期不能喷药,以免产生药害。

2. 菊科 Asteraceae

(182) 小蓬草 *Erigeron canadensis* L.

【中文别名】小飞蓬、飞蓬、加拿大蓬、小白酒草、蒿子草。

【分布区域】万州全境分布,常生长于旷野、荒地、田边、河谷、沟边和路旁。

【主要形态特征】1 年生草本,根纺锤状,具纤维状根。茎直立,高 50~100cm 或更高,圆柱状,有条纹,被疏长硬毛,上部多分枝。叶密集,基部叶花期常枯萎,下部叶倒披针形,长 6~10cm,宽 1~1.5cm,顶端尖或渐尖,基部渐狭成柄,边缘具疏锯齿或全缘,中部和上部叶较小,线状披针形或线形,近无柄或无柄,全缘或少有具 1~2 个齿,两面或仅上面被疏短毛边缘常被上弯的硬缘毛。花序梗细,长 5~10mm,总苞近圆柱状,长 2.5~4mm;总苞片 2~3 层,淡绿色,线状披针形或线形,顶端渐尖,外层约短于内层之半,背面被疏毛,内层长 3~3.5mm,宽约 0.3mm,边缘干膜质,无毛;花托平,直径 2~2.5mm,具不明显的突起;雌花多数,舌状,白色,长 2.5~3.5mm,舌片小,稍超出花盘,线形,顶端具 2 个钝小齿;两性花淡黄色,花冠管状,长 2.5~3mm,上端具 4 个或 5 个齿裂,管部上部被疏微毛;瘦果线状披针形,长 1.2~1.5mm,稍扁压,被贴微毛;冠毛污白色,1 层,糙毛状,长 2.5~3mm。

【发生规律】花果期 5—10 月,果实 7 月渐次成熟。种子成熟后即随风飞扬,落地后短暂休眠,除严寒天气外,从 10 月开始直至翌年 5 月均可出苗,并在每年的 10 月和翌年 4 月出现 2 个出苗高峰。

【防治措施】

①农业防治。水旱轮作,减少 1 年蓬发生量。

②物理防治。绿化带和草坪等区块,在苗期清理人工拔除或中耕剔除;果园、茶园、农耕地,在早春中耕清除。

③化学防治。果园用 41%草甘膦异丙胺盐水剂 3000~4500mL/hm^2 或 200g/L 草铵膦水剂 3000~3750mL/hm^2,兑水进行定向细喷雾处理;田间用乙氧氟草醚(果尔)、草酮(草灵)、二甲四氯等除草剂防治。

(183) 一年蓬 *Erigeron annuus* (L.) Pers.

【中文别名】白顶飞蓬、治疟草、千层塔。

【分布区域】万州区广泛分布。

【主要形态特征】1 年生或 2 年生草本,茎粗壮直立,高 30~100cm,基部径 6mm,上部有分枝,绿色,下部被展开的长硬毛,上部被较密的上弯的短硬毛。基部叶密集互生,莲座状,花期长枯萎,长圆形或宽卵形,少有近圆形,长4~17cm,宽1.5~4cm,或更宽,顶端尖或钝,基部狭成具翅的长柄,边缘具粗齿。下部叶与基部叶同形,但叶柄较短;中部和上部叶较小,长圆状披针形或披针形,长1~9cm,宽0.5~2cm,顶端尖,具短柄或无柄,边缘有不规则的齿或近全缘;最上部叶线形,全部叶边缘被短硬毛,两面被疏短硬毛,或有时近无毛。茎中下部叶腋芽潜伏,中上部叶具腋芽,上部腋芽发育成分枝,分枝花芽分化发育成花。

头状花序数个或多数,排列成疏圆锥花序,长6~8mm,宽10~15mm。总苞半球形,径0.6~0.8cm。总苞片3层,草质,披针形,近等长或外层稍短,长0.3~0.6cm,淡绿色,边缘半透明,中脉褐色,外面密被腺毛和疏长节毛。外围的雌花舌状,2层,长6~8mm,管部长1~1.5mm,上部被疏微毛,舌片平展,白色,或有时淡天蓝色,线形,宽0.6mm,顶端具2个小齿,花柱分枝线形;中央的两性花管状,黄色,先端5裂,雄蕊5枚,雌蕊1枚,柱头2浅裂。瘦果披针形,长约1.2mm,扁压,被疏贴柔毛,边缘翅状,且具冠毛,易被风传播。冠毛异形,雌花的冠毛极短,膜片状连成小冠,两性花的冠毛2层,外层鳞片状,内层为10~15条长约2mm的刚毛。

【发生规律】种子繁殖为主,种子于早春或秋季萌发,6—10月开花,8—11月结果。种子产量高,平均每株可结种子约3万粒。种子落地后能立即萌发,发芽率5%左右,繁殖系数高。果实有冠毛,可借助风力传播到远处,扩散面积大。生活能力强,在秋末冬初仍能见到新的幼苗。

【防治措施】同小蓬草。

(184)香丝草 *Erigeron bonariensis* L.

【中文别称】草蒿、黄花蒿、灰绿白酒草、美洲假蓬、野塘蒿、野地黄菊、蓑衣草。

【分布区域】万州区常生长于荒地、田边、河畔、路旁及山坡草地。

【主要形态特征】1年生或2年生草本,根纺锤状,常斜升,具纤维状根。叶密集,基部叶花期常枯萎,下部叶倒披针形或长圆状披针形,长3~5cm,宽0.3~1cm,顶端尖或稍钝,基部渐狭成长柄,通常具粗齿或羽状浅裂,中部和上部叶具短柄或无柄,狭披针形或线形,长3~7cm,宽0.3~0.5cm,中部叶具齿,上部叶全缘,两面均密被贴糙毛。头状花序多数,直径8~10mm,在茎端排列成总状或总状圆锥花序,花序梗长10~15mm;总苞椭圆状卵形,长约5mm,宽约8mm,总苞片2~3层,线形,顶端尖,背面密被灰白色短糙毛,外层稍短或短于内层之半,内层长约4mm,宽0.7mm,具干膜质边缘。花托稍平,有明显的蜂窝孔,直径3~4mm;雌花多层,白色,花冠细管状,长3~3.5mm,无舌片或顶端仅有3~4个细齿;两性花淡黄色,花冠管状,长约3mm,管部上部被疏微毛,上端具5齿裂;瘦果线状披针形,长1.5mm,扁压,被疏短毛;冠毛1层,淡红褐色,长约4mm。

【发生规律】1年生或2年生草本。秋、冬季或翌年春季出苗,花果期5—10月。种子繁殖。

【防治措施】可以人工或者机械防治,在苗期进行人工拔除,也可以在苗期使用绿麦隆或者2,4-D丁酯进行防除。

(185)藿香蓟 *Ageratum conyzoides* L.

【中文别名】胜红蓟。

【分布区域】万州区广泛分布。

【主要形态特征】1年生草本,高50～100cm,有时又不足10cm。无明显主根。茎粗壮直立,基部直径4mm,或少有纤细的,而基部直径不足1mm,不分枝或自基部或自中部以上分枝,或下基部平卧而节常生不定根。全部茎枝淡红色或微带紫色,或上部绿色,被白色尘状短柔毛或上部被稠密展开的长绒毛。单叶对生或上部互生,常有腋生不发育的叶芽。中部茎叶卵形或近三角形,长3～13cm,宽2～6cm;自中部叶向上、向下及腋生小枝上的叶渐小或小,卵形或长圆形,有时植株全部叶小,长仅1cm,宽仅达0.6mm。全部叶基部钝或宽楔形,基出三脉或不明显五出脉,顶端急尖,边缘圆锯齿,有长1～4cm的叶柄,两面被白色稀疏的短柔毛且有黄色腺点,上面沿脉处及叶下面的毛稍多,有时下面近无毛,上部叶的叶柄或腋生幼枝及腋生枝上的小叶的叶柄通常被白色稠密展开的长柔毛。头状花序较小,4～18个,在茎或分枝顶端排成紧密的伞房状花序;总苞半球形,钟状,直径5mm。总苞片长圆形或披针状长圆形,2～3层,顶端急尖,具刺状尖头,外面被稀疏白色多节长柔毛,边缘栉齿状。花序直径1.5～3cm。花梗长0.5～1.5cm,被尘状短柔毛。总苞钟状或半球形,宽5mm。总苞片2层,长圆形或披针状长圆形,长3～4mm,外面无毛,边缘撕裂。花冠长1.5～2.5mm,外面无毛或顶端有尘状微柔毛,檐部5裂,淡紫色、浅蓝色或白色。瘦果冠毛膜片状,5个或6个,长圆形,顶端急狭或渐狭成长或短芒状,或部分膜片顶端截形而无芒状渐尖;全部冠毛膜片长1.5～3mm。种子长圆柱状,黑褐色,具5棱,顶端有5片芒状的鳞片,鳞片中部以下稍宽,边缘有小锯齿。

【发生规律】1年生草本,喜松软土壤,花果期几乎全年,种子繁殖或茎节着地生根形成无性繁殖株。主要在5—11月陆续开花,7月中下旬种子相继成熟。

【防治措施】

①农业防治。水旱轮作,改变杂草草相,减少田间发生量。

②物理防治。清理田边、田埂、沟边等区块杂草,减少田间入侵数量;在苗期人工拔除或中耕剔除田间杂草。

③化学防治。用二甲四氯、莠去津、苯磺隆(阔叶净)、灭草松(苯达松)等除草剂防治。

(186)钻叶紫菀 *Symphyotrichum subulatum* (Michx.) G. L. Nesom

【中文别名】钻形紫菀、窄叶紫菀、美洲紫菀。

【分布区域】万州区广泛分布。

【主要形态特征】1年生草本,高16～150cm。茎直立,无毛而富肉质,上部稍有分枝,基部带紫红色。基生叶具柄,叶片倒披针形至卵形,通常于花后枯萎。茎中部叶线状披针形,长6～10cm,宽0.5～1cm,先端尖或钝,有时具钻形尖头,全缘,无柄,无毛。上部叶渐狭窄至线形。头状花序小,作伞房状或圆锥伞房状排列,花多,呈放射状,花序梗长0.3～1cm,无毛,无腺体。总苞圆柱状,总苞片排列3～5层,披针形至线状披针形,无毛,极不等长,外层外苞长1～2mm,宽约0.2mm,边缘干膜质,粗糙,无腺体,上部具缘毛,先端尖锐或渐尖。舌状小花多数,舌片淡红色、紫蓝色至白色,长1.5～2.5mm,无毛,无腺体。管状花黄色,长3～3.5mm,冠檐长1.4～1.5mm,裂片三角形,直立,长0.4～0.5mm,无毛,无腺体。瘦果略有毛,冠毛淡褐色,长3～4mm,上被短糙毛。种子长圆形或椭圆形,长1.5～2.5mm,被疏毛,淡褐色,有5条纵棱。

【发生规律】9—11月开花结果,种子繁殖。每株可产生大量瘦果,果具冠毛,随风散布,也随人、交通工具等传播、扩散。

【防治措施】

①农业防治。深翻耕,拣出田间杂草,特别是根状茎、地下块根等,减少当年发生量;同时,遏制田间杂草种子萌发。水旱轮作,提高防治效率。

②物理防治。在幼苗期人工拔除或中耕剔除田间杂草;在开花前清理田边、沟渠、湿润地块、浅水域等区块杂草,减少田间发生数量。

③化学防治。田边、荒地用41%草甘膦异丙胺盐水剂3000～4500mL/hm^{2}或200g/L草铵膦水剂3000～3750mL/hm^2,兑水在幼苗期进行定向细喷雾处理;田间用灭草松(苯达松)、二甲四氯等除草剂防治。

④开发利用。嫩苗、嫩叶可作蔬菜食用,合理利用将其有效控制。

(187)牛膝菊 *Galinsoga parviflora* Cav.

【中文别名】辣子草、向阳花、珍珠草、铜锤草、小米菊。

【分布区域】万州区广泛分布。

【主要形态特征】1年生草本,高10～80cm。茎纤细,圆柱形,直径3～5mm,有细条纹,节膨大,不分枝或自基部分枝,分枝斜升,全部茎枝被疏散或上部稠密的贴伏短柔毛和少量腺毛,茎基部和中部花期脱毛或稀毛。

【发生规律】花果期7—10月,种子繁殖,繁殖力极强,在裸地或林荫下均能形成群落。

【防治措施】

①农业防治。水旱轮作,改变杂草草相。在前期种植覆盖作物小麦秆、碎木屑等覆盖能显著降低牛膝菊的出苗率。

②物理防治。在苗期人工拔除或中耕剔除;在开花前清理田边、田埂等区块杂草。

③化学防治。作物播种前用乙草胺(灭草胺)、甲草胺(澳特拉索)等除草剂进行土壤封杀;在苗期用扑草净、敌草隆、西玛津等除草剂防治;在生长期使用精异丙甲草胺(金都尔)、灭草松(苯达松)等防除。

(188)加拿大一枝黄花 *Solidago canadensis* L.

【中文别名】黄莺、麒麟草、幸福草、金棒草、霸王花、白根草、北美一枝黄花等。

【分布区域】万州区零星分布在道路沿线。

【主要形态特征】属多年生直立草本植物,直立茎高1.5～3m,茎秆粗壮,中下部直径可达2cm,下部一般无分枝,常呈紫黑色,密生短柔毛和糙毛,成株下部茎半木质化。根状茎一般为5～50cm,最长近1.0m,外形似根,直径0.3～0.8cm,乳白色,见有紫红色,具有明显的节和节间,节上有鳞片状叶,节生不定根,其顶端有芽。叶互生,披针形或线状披针形,长5～12cm,宽1～2.5cm,深绿色,顶渐尖,基部楔形,边缘具小锐齿。中下部叶片常随植株生长而脱落,留下脱落痕迹,具离基三出脉。叶无柄或下部叶具短柄。头状花序小,长4～6mm,在花序分枝一侧单面着生,排列成蝎尾状,再组合成开展的大型圆锥花序。总苞具3～4层线状披针形的总苞片。缘花舌状,微黄色,雌性,花柱顶端两裂成丝状;盘花管状,黄色,两性,花柱裂片长圆形,扁平。果实为连萼瘦果,圆柱形,稍扁,先端截形,基部渐狭,光滑,长0.8～1.2mm。全果被细柔毛,冠毛呈白色,长3.0～4.0mm。

【发生规律】花果期7—11月,以种子和根状茎繁殖,繁殖能力强,生长迅速。地下根茎耐寒力强,早春、暖冬都能抽出新苗,齐苗快,竞争优势强。南方地区每年3月开始萌发,4—9月进行营养生长,7月初植株通常就可高达1米以上;10月中下旬开花,平均每株近1500个头状花序,每个头状花序平均长出14粒种子,每成株具2万～3万粒种子,种子极细小。11月底到12月中旬果实成熟;种子具有较高的发芽率,尤其是散落在表土层的种子,能萌发成近万株小苗。茎叶非传导性除草剂对该草地下根茎无杀灭效果,因此根除难度大。地下根茎、瘦果还常随耕作、农机具、交通工具、建筑机械、泥土搬运等传播、扩散。

【防治措施】

①农业防治。水旱轮作,减少加拿大一枝黄花发生量;深耕,拣出地下根状茎,带至田外,统一销毁。

②物理防治。在苗期人工拔除,挖除地下根状茎,集中销毁;在开花前清理田边、沟边、田埂、机耕路旁等区块杂草,减少加拿大一枝黄花侵入田间数量;荒地、杂地等采用机械铲除,挖除地下部分,集中处置。

③化学防治。大面积侵染区块,在苗期用草甘膦复配除草剂喷洒防治,一般用药2～3次,第1次在3—4月。其他防治效果较好的除草剂品种有啶嘧磺隆水分散粒剂93.75～112.5g/hm^2、氯氟吡氧乙酸乳油180～210g/hm^2、咪唑烟酸水剂750～1125g/hm^2、甲嘧磺隆可溶粉剂375～600g/hm^2;也可在加拿大一枝黄花花期喷洒花朵形成抑制剂,抑制加拿大一枝黄花种子的形成。

3. 玄参科 Scrophulariaceae

(189)阿拉伯婆婆纳 *Veronica persica* Poir.

【中文别名】波斯婆婆纳。

【分布区域】万州区广泛分布,广泛生于路边、荒地、宅旁、苗圃、果园、菜地、林地、风景旅游区、农田等处。

【主要形态特征】1~2年生草本。全株有柔毛。茎自基部分枝,下部伏生地面,高10~30cm。叶在茎基部对生,2~4对,上部互生,卵圆形,长6~20mm,宽5~18mm,边缘有钝锯齿,基部浅心形、平截或浑圆,两面疏生柔毛,无柄或上部叶有柄。花单生于苞片叶腋,苞片呈叶状,花梗明显长于苞片,有时超过1倍;花萼4深裂,长6~8mm,裂片狭卵形;花冠淡蓝色、紫色或蓝紫色,有放射状深蓝色条纹,长4~6mm,裂片卵形至圆形,喉部疏被毛,雄蕊短于花冠。蒴果2深裂,倒偏心形,宽大于长,有网纹,两裂片叉开90°以上,裂片顶端钝尖,宿存花柱超出凹口很多。种子舟形或长圆形,腹面凹入,具深的横纹。

【发生规律】1~2年生草本,花期2—5月。种子繁殖。伏地茎可生根形成无性繁殖株。随货物、人类活动等途径无意引入,也随人类活动等途径传播、扩散。

【防治措施】

①农业防治。深耕、轮作改变杂草草相,减少表层杂草籽的萌发量,有利于杂草的综合管理;作物适度密植抑制杂草发生量,增强作物竞争优势。

②物理防治。在开花前清理田边、沟渠、沟边、田埂等区块杂草;在苗期人工拔除或结合中耕施肥剔除田间杂草。

③化学防治。用灭草松(苯达松)、西玛津、噻吩磺隆(阔叶散)、嗪草酮(赛克津)等除草剂防治。

4. 豆科 Fabaceae

(190) 银合欢 *Leucaena leucocephala* (Lam.) de Wit

【中文别名】白合欢。

【分布区域】万州区主要分布于路旁、荒地、城市园林绿地、林缘或山坡。

【主要形态特征】灌木或小乔木,高2~6m;幼枝被短柔毛,老枝无毛,具褐色皮孔,无刺;托叶三角形。羽片4~8对,长5~16cm,叶轴被柔毛,在最下一对羽片着生处有黑色腺体1枚;小叶5~15对,线状长圆形,长7~13mm,宽1.5~3mm,先端急尖,基部楔形,边缘被短柔毛,中脉偏向小叶上缘,两侧不等宽。头状花序通常1~2个腋生,直径2~3cm;苞片紧贴、被毛,早落;总花梗长2~4cm;花白色;花萼长约3mm,顶端具5细齿,外面被柔毛;花瓣狭倒披针形,长约5mm,背被疏柔毛;雄蕊10枚,通常被疏柔毛,长约7mm;子房具短柄,上部被柔毛,柱头凹下呈杯状。荚果带状,长10~18cm,宽1.4~2cm,顶端凸尖,基部有柄,纵裂,被微柔毛;种子6~25颗,卵形,长约7.5mm,褐色,扁平,光亮。

【发生规律】灌木或小乔木,花期4—7月,果期8—10月。种子繁殖和通过萌生枝条进行营养繁殖。

【防治措施】①物理防治。人工砍除。②化学防治。草甘膦水剂等防除。

5. 禾本科 Poaceae

(191) 毒麦 Lolium temulentum L.

【中文别名】小尾巴麦、黑麦子、闹心麦。

【分布区域】分布在中国的黑龙江、吉林、辽宁、内蒙古、山东、青海、新疆、湖北、云南、西藏、河北、上海、浙江、湖南、北京、河南、甘肃、安徽、四川和广东等地区。目前在万州区有零星发现。

【主要形态特征】1年生。秆成疏丛，高20～120cm，具3～5节，无毛。叶鞘长于其节间，疏松；叶舌长1～2mm；叶片扁平，质地较薄，长10～25cm，宽4～10mm，无毛，顶端渐尖，边缘微粗糙。穗形总状花序长10～15cm，宽1～1.5cm；穗轴增厚，质硬，节间长5～10mm，无毛；小穗含4～10小花，长8～10mm，宽3～8mm；小穗轴节间长1～1.5mm，平滑无毛；颖较宽大，与其小穗近等长，质地硬，长8～10mm，宽约2mm，有5～9脉，具狭膜质边缘；外稃长5～8mm，椭圆形至卵形，成熟时肿胀，质地较薄，具5脉，顶端膜质透明，基盘微小，芒自外稃顶端伸出，长1～2cm，粗糙；内稃约等长于外稃，脊上具微小纤毛。颖果长4～7mm，为其宽的2～3倍，厚1.5～2mm。

【发生规律】在我国北方，毒麦4月末至5月初出苗，5月下旬抽穗，成熟期在6月上旬。在南方，毒麦一般在5月上旬抽穗。

【防治措施】加强植物检疫。严格执行检疫制度，对进口粮食及种子，要严格依法实施检验，一旦发现毒麦，必须依照有关规定对该批粮食做除害处理；加强种子的管理及检验，杜绝毒麦在调运过程中扩散传播，建立无植检对象的良种繁殖基地，严格产地检疫。少量发生时，尽量在毒麦开花前人工进行拔除。

6. 落葵科 Basellaceae

(192) 落葵薯 Anredera cordifolia (Tenore) Steenis

【中文别名】马德拉藤、藤三七、藤七、土三七、川七、心叶落葵薯、洋落葵、细枝落葵薯。

【分布区域】万州区广泛分布，常见于林缘、灌木丛、河边、荒地、房前屋后。

【主要形态特征】多年生缠绕藤本，长可达数米。根状茎粗壮。叶具短柄，叶片卵形至近圆形，长2～6cm，宽1.5～5.5cm，顶端急尖，基部圆形或心形，稍肉质，腋生小块茎（珠芽）。总状花序具多花，花序轴纤细，下垂，长7～25cm；苞片狭，不超过花梗长度，宿存；花梗长2～3mm，花托顶端杯状，花常由此脱落；下面1对小苞片宿存，宽三角形，急尖，透明；花直径约5mm；花被片白色，渐变黑，开花时张开，卵形、长圆形至椭圆形，顶端钝圆，长约3mm，宽约2mm；雄蕊白色，花丝顶端在芽中反折，开花时伸出花外；花柱白色，分裂成3个柱头臂，每臂具一棍棒状或宽椭圆形柱头。果卵球形，通常不结实。

【发生规律】多年生缠绕藤本,花期 6—10 月。

【防治措施】在幼苗期喷施常用除草剂,清理时要注意仔细清理并集中销毁落下的小块茎,避免再次传播。

7. 马鞭草科 Verbenaceae

(193) 马缨丹 *Lantana camara* L.

【中文别名】五色梅、五彩花、如意草、臭绣球、臭草、七变花。

【分布区域】万州区常作为园林用种广泛使用。

【主要形态特征】直立或蔓性的灌木,高 1~2m,有时藤状,长达 4m;茎枝均呈四方形,有短柔毛,通常有短而倒钩状刺。单叶对生,揉烂后有强烈的气味,叶片卵形至卵状长圆形,长 3~8.5cm,宽 1.5~5cm,顶端急尖或渐尖,基部心形或楔形,边缘有钝齿,表面有粗糙的皱纹和短柔毛,背面有小刚毛,侧脉约 5 对;叶柄长约 1cm。花序直径 1.5~2.5cm;花序梗粗壮,长于叶柄;苞片披针形,长为花萼的 1~3 倍,外部有粗毛;花萼管状,膜质,长约 1.5mm,顶端有极短的齿;花冠黄色或橙黄色,开花后不久转为深红色,花冠管长约 1cm,两面有细短毛,直径 4~6mm;子房无毛。果圆球形,直径约 4mm,成熟时紫黑色。

【发生规律】直立或蔓性的灌木,全年开花结果。种子繁殖。

【防治措施】人工、机械拔除,在雨后可以选择人工拔除,这样清除比较彻底。在拔除时,要清理好拔下来的植株,防止枝条再度生长,马缨丹再度蔓延。

8. 茄科 Solanaceae

(194) 喀西茄 *Solanum aculeatissimum* Jacquin

【中文别名】苦天茄、刺天茄、添钱果、苦颠茄、黄果珊瑚、马刺、牙疼果等。

【分布区域】万州区广泛分布。

【主要形态特征】直立草本至亚灌木,高 1~2m,最高达 3m,茎、枝、叶及花柄多混生黄白色具节的长硬毛、短硬毛、腺毛及淡黄色基部宽扁的直刺;刺长 2~15mm,宽 1~5mm,基部暗黄色。叶阔卵形,长 6~12cm,宽约与长相等,先端渐尖,基部戟形,5~7 深裂,裂片边缘又作不规则的齿裂及浅裂;上面深绿,毛被在叶脉处更密;下面淡绿,除被有与上面相同的毛被外,还有被稀疏分散的星状毛;侧脉与裂片数相等,在上面平,在下面略凸出,其上分散着生基部宽扁的直刺,刺长 5~15mm。叶柄粗壮,长约为叶片之半。蝎恳尾状花序腋外生,短而少花,单生或 2~4 朵,花梗长约 1cm;萼钟状,绿色,直径约 1cm,长约 7mm,5 裂,裂片长圆状披针形,长约 5mm,宽约 1.5mm,外面具细小的直刺及纤毛,边缘的纤毛更长而密;花冠筒淡黄色,隐于萼内,长约 1.5mm;冠檐白色,5 裂,裂片披针形,长约 14mm,宽约 4mm,具脉纹,开放时先端反折;花丝长约 1.5mm,花药在顶端延长,长约 7mm,顶孔向上;子房球形,被微绒毛,花柱纤细,长约 8mm,光滑,柱头截形。浆果球状,直径 2～2.5cm,初时绿白色,具绿色花纹,成熟时淡黄色,宿萼上具纤毛及细直刺,后逐渐脱落;种子淡黄色,近倒卵形,扁平,直径约 2.5mm。

【发生规律】草本或灌亚木,花期 7—9 月,果期 9—11 月。种子繁殖。

【防治措施】苗期人工铲除,结种前人工拔除。化学防除,如利用草甘膦、草铵膦等。

9. 伞形科 Apiaceae

(195) 野胡萝卜 *Daucus carota* L.

【中文别名】鹤虱草、假胡萝卜。

【分布区域】万州区广泛分布于林缘、田边、路旁、渠岸、荒地、农田或灌丛中。

【主要形态特征】2 年生草本,高 15～120cm。茎单生,全体有白色粗硬毛。基生叶薄膜质,长圆形,2～3 回羽状全裂,末回裂片线形或披针形,长 2～15mm,宽 0.5～4mm,顶端尖锐,有小尖头,光滑或有糙硬毛;叶柄长 3～12cm;茎生叶近无柄,有叶鞘,末回裂片小或细长。复伞形花序,花序梗长 10～55cm,有糙硬毛;总苞有多数苞片,呈叶状,羽状分裂,少有不裂的,裂片线形,长 3～30mm;伞辐多数,长 2～7.5cm,结果时外缘的伞辐向内弯曲;小总苞片 5～7,线形,不分裂或 2～3 裂,边缘膜质,具纤毛;花通常白色,有时带淡红色;花柄不等长,长 3～10mm。果实圆卵形,长 3～4mm,宽 2mm,棱上有白色刺毛。

【发生规律】2 年生草本,喜湿润,较耐旱,花期 5—7 月。种子繁殖。

【防治措施】少量发生时,可人工拔除。大量发生时,可用苄嘧磺隆、敌草胺等除草剂防治。

10. 商陆科 Phytolaccaceae

(196) 垂序商陆 *Phytolacca Americana* L.

【中文别名】洋商陆、美国商陆、美洲商陆、美商陆、垂穗商陆、石蕊商陆。

【分布区域】万州区广泛分布。

【主要形态特征】多年生草本,高 1～2m。根粗壮、肉质、肥大,倒圆锥形。茎直立,圆柱形,常为紫红色,中部以上多分枝。叶片椭圆状卵形或卵状披针形,顶端急尖或渐尖,基部楔形,叶柄长可达 4cm。总状花序顶生或与叶对生,稍下垂,花序轴通常比叶长,小花排列稀疏,花两性,花被片 5,白色,微带红晕,雄蕊 10,心皮及花柱通常均为 10(有时为 8 或 12),心皮合生。果序明显下垂;浆果扁球形,熟时紫黑色。种子肾形,直径约 3mm,稍扁平,黑褐色,平滑有光泽。

【发生规律】花期 6—8 月,果期 8—10 月。种子繁殖。

【防治措施】苗期带根拔出,由于其具有肉质根,拔出后整株晒干,最好烧毁;对于成熟植株要在果实成熟前割除果序,防止因成熟果实被鸟类取食而蔓延,同时对于肉质根要晒干烧毁。

11. 天南星科 Araceae

(197) 大藻 *Pistia stratiotes* L.

【中文别名】猪母莲、天浮萍、水浮萍、大萍叶、水荷莲、肥猪草、水白菜。
【分布区域】万州区偶见园林使用。
【主要形态特征】多年生漂浮草本,须状根长而悬垂,羽状,密集。茎缩短,悬浮于水面,具匍匐枝。叶簇生成莲座状,叶片常因发育阶段不同而形异:倒三角形、倒卵形、扇形,以至倒卵状长楔形,长 1.3~10cm,宽 1.5~6cm,先端截头状或浑圆,基部厚,两面被短柔毛,基部尤为浓密;7~15 条叶脉扇状伸展,背面明显隆起呈褶皱状。佛焰苞白色,外被茸毛。雄花 2~8 朵生于上部,雌花 1 朵生于下部,花柱纤细。子房 1 室,具多数胚珠。种子圆柱形,表面具皱纹。
【发生规律】水生漂浮草本,喜高温多雨,可在腋中生出多个匍匐枝,顶芽生出叶和根,随之成为新株,还可用种子繁殖。花期 5—11 月。该种繁殖速度快,可以在 2~3 天增加 1 倍,1 株大藻在 8 个月内就能长出 6 万株。
【防治措施】
①物理打捞。人工或机械打捞,大藻全株可作猪饲料,也可作沼气池材料或者沤肥使用。
②化学防治。适当选用对水生生物、水源及其他伴生有益植物安全的化学除草剂喷施防治大藻。目前,硝磺草酮和灭草松对大藻具有较好的化除效果。
③生物控制。大藻的天敌昆虫为大藻叶象,许多国家已经引进并进行研究。目前,我国尚未引进该天敌昆虫。

12. 苋科 Amaranthaceae

(198) 喜旱莲子草 *Alternanthera philoxeroides* (Mart.) Griseb.

【中文别名】空心苋、水蕹菜、革命草、水花生。
【分布区域】万州区广泛分布。
【主要形态特征】多年生水陆两栖草本;根系属不定根系,茎节生根,须根白色,有分枝。陆生植株的不定根可进一步发育为肉质贮藏根,称之为宿根。水生型只有不定根,不形成根茎。基部匍匐,上部伸展,管状,髓腔大,有分枝,节腋处疏生细柔毛。具 2 种生态类型,即水生型和陆生型,喜旱莲子草的茎结构朝哪个方向发展,取决于环境水分条件,在水分充沛时输导功能强,茎长 1.5~2.5m;而在干旱时输导组织数量多,机械组织发达,韧皮纤维数量和厚度增加,在旱生环境中形成直径 1cm 的肉质贮藏根。叶对生,叶片矩圆形、矩圆状倒卵形或倒卵状披针形,长2.5~5cm,宽7~20mm,顶端急尖或圆钝,具短尖,基部渐狭,全缘,两面无毛或上面有贴生毛及缘毛,下面有颗粒状突起;叶柄长3~10mm,无毛或微有柔毛。

头状花序单生于叶腋,直径8~15mm,具长1.5~3cm的总梗。苞片及小苞片白色,顶端渐尖,具1脉;苞片卵形,长2~2.5mm,小苞片披针形,长2mm;花被片矩圆形,长5~6mm,白色,光亮,无毛,顶端急尖,背部侧扁;雄蕊花丝长2.5~3mm,基部连合成杯状;退化雌蕊矩圆状条形,和雄蕊约等长,顶端裂成窄条;子房倒卵形,具短柄,背面侧扁,顶端圆形。果实未见。

【发生规律】以茎节进行营养繁殖。在水域,春后新芽即萌发,3月已具一定生长量,4月可布满一定水域,5—10月可大量繁殖,能迅速蔓延整个河道,形成优势种群,堵塞河道。在旱地,新芽萌发期比水域迟,一般在4—5月,这可能与新芽在水域和旱地生境中所处的温度等条件相关。由于喜旱莲子草是多年宿根性杂草,并不断繁殖更新,花期长,一般4—11月均能开花。

【防治措施】

①物理防治。结合农业措施,在耕翻换茬时挖除在土中的根茎,晒干或烧毁;新入侵的、种群密度较小的或新发现的手工根除,深挖1m,彻底焚烧,连续3年,能起到根除的效果。

②化学防治。果园、玉米田在杂草2~5叶期用20%氯氟吡氧乙酸乳油(使它隆、水花生净)750~900mL/hm² 兑水进行茎叶处理;空地、果园在杂草苗期至花期,选用41%草甘膦异丙胺盐水剂3000~4500mL/hm² 或200g/L草铵膦水剂3000~3750mL/hm² 兑水进行定向细喷雾处理,待新叶展开后再处理1~2次,兼治其他杂草。

③生物防治。河流及湖泊利用空心莲子草叶甲防除。

(199)长芒苋 *Amaranthus palmeri* S. Watson

【中文别称】帕尔默苋。

【分布区域】万州区偶见。

【主要形态特征】1年生草本,雌雄异株,高0.8~3m。茎直立,下部粗壮,黄绿色,具脊状条纹,雌株茎常绿色,偶见紫红色,雄株茎常绿色、红色至紫红色,有时变淡红褐色,无毛或上部散生短柔毛;上部分枝较多,分枝协展至近平展。叶无毛,叶片卵形至菱状卵形,茎上部者可呈披针形,先端钝、极尖或微凹,常具小突尖,基部楔形,略下延,边缘全缘。

【发生规律】花期7—10月,果期8—10月。种子繁殖。种子成熟后,在温湿度条件适宜时即可萌发。

【防治措施】

①强化检疫。加强入境粮谷监管,重点防疫、除治入境口岸限制进境检疫性杂草,对港口、入境粮谷加工厂和储备粮库等区块的周边实施长期监管,严防长芒苋逃逸、扩散。

②物理防治。清除易感区块所有苋属杂草和作物,在苗期人工拔除或机械铲灭;对疑似苋属植物就地铲除,销毁。

③化学防治。用草甘膦等灭杀性除草剂喷洒灭除。

(200) 土荆芥 *Dysphania ambrosioides* (Linnaeus) Mosyakin & Clemants

【中文别名】鹅脚草、臭草、杀虫芥、臭杏、香藜草、洋蚂蚁草。

【分布区域】万州区偶见。

【主要形态特征】1年生或多年生草本，高50～80cm，有强烈香味。茎直立，多分枝，有色条及钝条棱；枝通常细瘦，有短柔毛并兼有具节的长柔毛，有时近于无毛。叶片矩圆状披针形至披针形，先端急尖或渐尖，边缘具稀疏不整齐的大锯齿，基部渐狭具短柄，上面平滑无毛，下面有散生油点并沿叶脉稍有毛，下部的叶长达15cm，宽达5cm，上部叶逐渐狭小而近全缘。

【发生规律】花期和果期的时间都很长（6—10月），常夏季初开花，果实于夏秋季成熟，温暖地区几乎全年均可见开花结果的植株。种子繁殖。能借助地下茎段进行无性繁殖，随苗木、草坪等引种扩散。

【防治措施】

①物理防治。在土荆芥开花前人工铲除或利用中耕剔除。

②化学防治。播后苗前进行土壤封闭，杂草萌发前（播后3天内）用33%二甲戊灵乳油4500～6000mL/hm^{2}兑水20～30L/hm^{2}向土表进行喷雾处理；大量发生时可用草甘膦、草铵膦等除草剂防治。

13. 小二仙草科 Haloragaceae

(201) 粉绿狐尾藻 *Myriophyllum aquaticum* (Vell.) Verdc.

【中文别名】大聚藻、绿狐尾藻。

【分布区域】万州区偶见。

【主要形态特征】多年生挺水或沉水草本。根状茎发达，在底泥中蔓延，节部生根。茎黄绿色，长1～4m，半蔓性，能匍匐湿地生长；上部为挺水枝，匍匐挺水，高10～20cm；下半部为沉水枝，多分枝，节部均生须根状。叶5～7枚轮生，羽状全裂，裂片丝状，绿蓝色，在顶部密集；沉水叶丝状，红色，冬天枯萎脱落。花单生，单性，雌雄异株，稀两性，每轮4～6朵花，花无柄；雌花生于水上茎较下部叶腋，萼筒与子房合生，萼裂片4裂，裂片卵状三角形，花瓣4枚，舟状，早落，雌蕊1枚，子房4室，柱头4裂；雄花花瓣4枚，椭圆形，长2～3mm，雄蕊8枚，开花后伸出花冠外。核果坚果状，长约3mm，有4条浅槽，顶端具残存的萼裂片及花柱。

【发生规律】4—6月出苗，花期4—9月。

【防治措施】人工及生物防除，控制引种，勿将其残株抛弃于水域。

14. 雨久花科 Pontederiaceae

(202) 凤眼莲 *Eichhornia crassipes* (Mart.) Solme

【中文别名】水浮莲、水葫芦、凤眼兰、水荷花、水生风信子、洋水仙。

【分布区域】万州区主要分布于水塘、湖泊、沟渠、水流较慢的河道、湿地及稻田中。

【主要形态特征】多年生浮水草本,高30～60cm。茎短缩,根丛生节上,须根发达,棕黑色,长达30cm,悬浮于水中。具匍匐横走茎,淡绿色或带紫色,与母株分离后长成新植物。叶呈莲座状基生,直立,叶片卵形、倒卵形至肾形,光滑,全缘;叶柄基部略带紫红色,中下部膨大呈葫芦状气囊。花葶从叶柄基部的鞘状苞片腋内伸出,长34～46cm,多棱;穗状花序长17～20cm,通常具6～20朵花;花被裂片6枚,花瓣状,卵形、长圆形或倒卵形,紫蓝色,花冠略两侧对称,直径4～6cm,上方1枚裂片较大,长约3.5cm,宽约2.4cm,三色即四周淡紫红色,中间蓝色,在蓝色的中央有1黄色圆斑,其余各片长约3cm,宽1.5～1.8cm,下方1枚裂片较狭,宽1.2～1.5cm,花被片基部合生成筒,外面近基部有腺毛;雄蕊6枚,贴生于花被筒上,3长3短,长的从花被筒喉部伸出,长1.6～2cm,短的生于近喉部,长3～5mm;花药箭形,基着,蓝灰色,2室,纵裂;花粉粒长卵圆形,黄色;子房上位,长梨形,长6mm,3室,中轴胎座,胚珠多数;花柱1,长约2cm,伸出花被筒的部分有腺毛;柱头上密生腺毛。蒴果卵形,种子多数,有棱。

【发生规律】萌芽期3—5月,花期7—10月,果期8—11月。生长的前期(4—6月),植株生长缓慢,分株少;7月下旬为爆发起始期,8—12月为爆发高峰期,12月下旬开始枯萎;腋芽能存活越冬。

【防治措施】

①从源头出发,首先要防治水体污染。

②机械搅灭法。对凤眼莲危害较大的水域,可以使用相关机械将其搅灭打碎,扩大水体的光照面积,增加水体的流动,确保养殖、捕捞及航运顺利进行。

③动用人力、物力直接将凤眼莲捞起运送到陆地而予以清除,主要针对小水面域实施效果较佳。

④化学防治法。每亩使用20%使它隆乳油50mL,可兑水喷雾。如果是河道、池塘、沟渠边,每亩使用41%农达水剂300～400mL、灭草烟30g或36%草甘·氯磺可溶性粉剂300g,兑水20kg喷细雾,使药液黏附在水花生茎叶上。严格注意不能在饮用水水面进行,且须注意人畜、鱼类的安全。

⑤生物防治法。在晚春或初夏,最低气温稳定回升到13℃以上时,每亩释放凤眼莲象甲成虫1500～2000头,可以达到一定的防治目的。

⑥变废为宝法。可利用凤眼莲来制作猪饲料或鱼饲料,将凤眼莲粉碎打浆,加入2%的食盐拌匀,再用它喂猪或养鱼,也可用来培肥水质。

15. 酢浆草科 Oxalidaceae

(203)红花酢浆草 *Oxalis corymbosa* DC.

【中文别名】大酸味草、铜锤草、南天七、紫花酢浆草、多花酢浆草、夜合梅。

【分布区域】万州区广泛分布。

【主要形态特征】多年生直立草本。无地上茎,地下部分有球状鳞茎。叶基生;叶柄长5～30cm或更长,被毛;小叶3,扁圆状倒心形,长1～4cm,宽1.5～6cm,顶端凹入,两侧角圆形,基部宽楔形,表面绿色,被毛或近无毛。总花梗基生,二歧聚伞花序,通常排列成伞形花序式,总花梗长10～40cm或更长,被毛;花梗、苞片、萼片均被毛;花梗长5～25mm,每花梗有披针形干膜质苞片2枚;萼片5,披针形,长4～7mm,先端有暗红色长圆形的小腺体2枚,顶部腹面被疏柔毛;花瓣5,倒心形,长1.5～2cm,为萼长的2～4倍,淡紫色至紫红色,基部颜色较深;雄蕊10枚,长的5枚超出花柱,另5枚长至子房中部,花丝被长柔毛;子房5室,花柱5,被锈色长柔毛,柱头浅2裂。蒴果角果状,短条形,长1.7～2cm,被毛。

【发生规律】花、果期3—12月。种子数量大,其鳞茎容易分离,繁殖迅速。以分株繁殖为主,也可播种繁殖。

【防治措施】少量发生时,可人工进行拔除。化学防除,如利用草甘膦、草铵膦等。

（四）入侵软体动物

(204) 福寿螺 *Pomacea canaliculata*

【寄主植物】福寿螺的寄主为水稻、茭白、菱角、空心菜、芡实等水生作物及水域附近的甘薯等旱生作物。

【分布区域】万州区主要分布于水塘,湖泊,沟渠,水流较慢的河道、湿地及稻田中。

【主要形态特征】福寿螺具一螺旋状螺壳,螺壳颜色随环境及螺龄不同而异,有光泽和若干条细纵纹;螺壳相对较薄易碎,偏黄褐色;螺尾平短,螺尾螺旋部呈短圆锥形;整个螺旋有5～6个螺层,最后一螺旋突然变大;螺口开口较大,螺盖扁平;有鳃和肺囊、呼吸管。

【发生规律】福寿螺生活史分为卵、幼螺、中螺、成螺4个时期,各个时期有着不同的生活习性和特征。雄螺与雌螺在水中交配,一次能交配3～8小时。雌螺受精后1～5天即在夜间产卵,每个卵群有3～5层,200～1000粒。产卵部位可在离水面10～80cm的渔船、渔网、杂草、作物植株、田埂、石壁或其他物体上。卵在气温18～22℃时,约1个月才能孵化,在28～30℃时,1周左右即可孵化。刚孵出的幼螺,从卵群脱落掉入水中,具有独立生活能力,壳顶部呈红色,螺体有1～2个螺层,螺口2～2.5mm。随着福寿螺的生长,螺顶由红色逐渐变为黄褐色。幼螺经30天左右的生长,口径达5cm左右,进入中螺期。中螺生长迅速,水温28℃左右,6个月后个体体重可达180g左右。中螺经几个月的发育即进入成螺期,成为性成熟的福寿螺。成螺爬行体长3.5～6cm,壳近似圆盘形,一般具有5～6个螺层,具底栖性。福寿螺虽是水生种类,却可在干旱季节埋藏在湿润的泥土中休眠度过6～8个月,一旦有水,可再次活跃。

【防治措施】重点关注引入的水生植物、水产饲料等,仔细检查附着的幼螺和螺卵,及时发现并处置,避免人为引入导致福寿螺的扩散和暴发。冬季整修沟渠,清理淤泥,铲除杂草,破坏福寿螺的越冬场所,减少冬后残螺量。如条件允许,可在周边河道、沟渠、池塘中适度投放青鱼、鲤鱼、甲鱼等用以捕食福寿螺。大量发生时,施用四聚乙醛颗粒剂、杀螺胺粉剂等进行防治。加强科普宣传和技术培训,利用电视、报刊、网络等媒体开展宣传,向公众普及福寿螺识别及防控知识,广泛动员群众参与防控工作,增强全社会对福寿螺的防控意识。

附 录

麻皮蝽成虫

赤条蝽成虫(摄于万州区白羊镇)

绿岱蝽成虫(采自万州区武陵镇)

尼泊尔宽盾蝽成虫(采自万州区分水林场)

硕蝽成虫(摄于万州区新田镇)

四斑红蝽成虫(采自万州区长岭镇)

梨冠网蝽及为害状（摄于万州区双河口街道）

樟脊冠网蝽及为害状（摄于万州区牌楼街道）

膜肩网蝽及为害状（摄于万州区周家坝街道）

杜鹃冠网蝽为害状（摄于万州区双河口街道）

山竹缘蝽成虫（摄于万州区恒合土家族乡）

月肩奇缘蝽成虫（采自万州区普子乡）

红脊长蝽成虫（采自万州区武陵镇）

断沟短肛䗛成虫（摄于万州区武陵镇）

附 录

黑翅土白蚁为害状(摄于万州区大周镇)

野蚕蛾成虫(采自万州区龙沙镇)

银杏大蚕蛾成虫(摄于万州区龙驹镇)

长尾大蚕蛾成虫(采自万州区分水林场)

王氏樗蚕成虫(采自万州区高粱镇)

枣桃六点天蛾成虫(采自万州区恒合土家族乡)

雀斜纹天蛾成虫(采自万州区长岭镇)

豆天蛾成虫(采自万州区高粱镇)

· 137 ·

华中白肩天蛾成虫(采自万州区梨树乡)

缺角天蛾成虫(采自万州区高梁镇)

葡萄天蛾成虫(采自万州区高梁镇)

紫光盾天蛾成虫(采自万州区高梁镇)

木蜂天蛾成虫(采自万州区分水林场)

日本鹰翅天蛾成虫(采自万州区高梁镇)

枯球箩纹蛾成虫(采自万州区长岭镇)

马尾松毛虫成虫(采自万州区分水林场)

附　录

云南松毛虫成虫（摄于万州区新田镇）

思茅松毛虫成虫（采自万州区铁峰山林场）

黄褐天幕毛虫成虫（摄于万州区龙驹林场）

栗黄枯叶蛾成虫（采自万州区新田林场）

橘褐枯叶蛾成虫（采自万州区高梁镇）

柿星尺蛾成虫（采自万州区余家镇）

巨豹纹尺蛾成虫（采自万州区普子乡）

中国虎尺蛾成虫（采自万州区恒合土家族乡）

赭尾尺蛾成虫(采自万州区龙驹林场)

国槐尺蛾成虫(采自万州区铁峰山林场)

雪尾尺蛾成虫(采自万州区熊家镇)

丝棉木金星尺蛾成虫(摄于万州区后山镇)

桑褐刺蛾低龄幼虫

黄刺蛾幼虫(摄于万州区燕山乡)

扁刺蛾幼虫(摄于万州区双河口街道)

灰褐带蛾成虫(采自万州区分水林场)

附 录

人纹污灯蛾成虫(采自万州区甘宁镇)

大丽灯蛾成虫(采自万州区分水林场)

蜀柏毒蛾成虫(摄于万州区分水林场)

肾毒蛾成虫(采自万州区地宝土家族乡)

竹织叶野螟幼虫(摄于万州区溪口乡)

绿翅绢野螟成虫(采自万州区分水林场)

桃蛀野螟成虫(采自万州区长滩镇)

大袋蛾(摄于万州区高峰镇)

· 141 ·

白黑华苔蛾雌成虫(采自万州区分水林场)

白黑华苔蛾雄成虫(采自万州区分水林场)

核桃豹夜蛾成虫(采自万州区九池乡)

旋目夜蛾成虫(采自万州区九池乡)

中金翅夜蛾成虫(采自万州区恒合土家族乡)

月牙巾夜蛾成虫(采自万州区九池乡)

鹿裳夜蛾成虫(采自万州区新田林场)

白肾裳夜蛾成虫(采自万州区九池乡)

附　录

栎黄掌舟蛾成虫（采自万州区新田镇）

钩翅舟蛾成虫（采自万州区恒合土家族乡）

大新二尾舟蛾成虫（采自万州区恒合土家族乡）

钩粉蝶成虫（采自万州区后山镇）

柑橘凤蝶成虫（采自万州区熊家镇）

金凤蝶成虫（采自万州区分水林场）

青凤蝶成虫（采自万州区新田林场）

灰绒麝凤蝶成虫（采自万州区分水林场）

蓝凤蝶成虫(采自万州区铁峰山林场)

黎氏青凤蝶成虫(采自万州区新田镇)

巴黎翠凤蝶成虫(采自万州区新田林场)

玉带凤蝶成虫(采自万州区熊家镇)

美凤蝶雌成虫(采自万州区铁峰山林场)

美凤蝶雄成虫(采自万州区铁峰山林场)

箭环蝶成虫(采自万州区分水林场)

大红蛱蝶成虫(采自万州区铁峰山林场)

附 录

嘉翠蛱蝶成虫（采自万州区龙沙镇）

翠蓝眼蛱蝶成虫（采自万州区龙驹林场）

二尾蛱蝶成虫（采自万州区天城镇）

斐豹蛱蝶成虫（采自万州区铁峰山林场）

柳紫闪蛱蝶成虫（采自万州区天城镇）

苎麻珍蝶成虫（采自万州区新田林场）

樟叶蜂幼虫（摄于万州区五桥珍稀植物园）

杨黑点叶蜂幼虫（摄于万州区茨竹乡）

鞭角华扁叶蜂幼虫(摄于万州区高峰镇)

栗瘿蜂虫瘿(摄于万州区长坪乡)

华丽花萤成虫(采自万州区分水林场)

双叉犀金龟成虫(采自万州区梨树乡)

铜绿异丽金龟成虫(摄于万州区新田镇)

棕长颈卷叶象成虫(摄于万州区铁峰山林场)

扁锹甲成虫(采自万州区分水林场)

云斑鳃金龟成虫(采自万州区分水林场)

附 录

松褐天牛成虫(采自万州区分水林场)

星天牛成虫(摄于万州区分长岭镇)

云斑白条天牛成虫(采自万州区分甘宁镇)

桑天牛成虫(采自万州区分九池乡)

光肩星天牛成虫(采自万州区分水林场)

瘤胸簇天牛成虫(采自万州区新田镇)

楝星天牛成虫(采自万州区梨树乡)

橙斑白条天牛成虫(采自万州区双河口街道)

眼斑齿胫天牛成虫(采自万州区分水林场)

苎麻双脊天牛成虫(摄于万州区走马镇)

黑角伞花天牛成虫(摄于万州区分水林场)

狭叶掌铁甲成虫(摄于万州区恒合土家族乡)

普通角伪叶甲成虫(摄于万州区走马镇)

松瘤象成虫(采自万州区恒合土家族乡)

中国癞象成虫(摄于万州区孙家镇)

蓝尾迷萤叶甲成虫(摄于万州区孙家镇)

核桃扁叶甲成虫（摄于万州区普子乡）

黄足黑守瓜成虫（摄于万州区走马镇）

二纹柱萤叶甲成虫（采自万州区孙家镇）

十星瓢萤叶甲成虫（采自万州区武陵镇）

竹蚜（摄于万州区大周镇）

竹茎扁蚜（摄于万州区孙家镇）

杭州新胸蚜虫瘿（摄于万州区双河口街道）

刺槐蚜（摄于万州区白羊镇）

蒙古寒蝉(采自万州区新田林场)

蚱蝉(采自万州区新田林场)

蟪蛄(采自万州区长岭镇)

柿广翅蜡蝉(摄于万州区长滩镇)

斑衣蜡蝉(采自万州区武陵镇)

小绿叶蝉(摄于万州区双河口街道)

橙带突额叶蝉(采自万州区长岭镇)

琼凹大叶蝉(采自万州区新田镇)

橘红丽沫蝉（摄于万州区分水林场）

考氏白盾蚧（摄于万州区陈家坝街道）

矢尖盾蚧（摄于万州区溪口乡）

柏蛎盾蚧（摄于万州区燕山乡）

黑刺粉虱（摄于万州区百安坝街道）

小叶榕木虱（摄于万州区高笋塘街道）

龙眼角颊木虱虫瘿（摄于万州区溪口乡）

红蜡蚧（摄于万州区双河口街道）

紫薇绒蚧（摄于万州区五桥街道）

中华松针蚧（摄于万州区铁峰山林场）

枫杨瘿螨（摄于万州区甘宁镇）

柳刺皮瘿螨（摄于万州区太安镇）

悬钩子瘿螨（摄于万州区龙驹林场）

花椒锈病（摄于万州区甘宁镇）

杨树锈病（摄于万州区燕山乡）

竹叶锈病（摄于万州区后山镇）

附　录

楤木锈病（摄于万州区余家镇）

梨锈病（摄于万州区梨树乡）

银杏叶斑病（摄于万州区陈家坝街道）

枇杷叶斑病（摄于万州区百安坝街道）

大叶黄杨白粉病（摄于万州区五桥街道）

李炭疽病（摄于万州区分水镇）

桃缩叶病（摄于万州区高梁镇）

油茶茶苞病（摄于万州区高梁镇）

柳杉赤枯病（摄于万州区恒合土家族乡）

樟树煤污病（摄于万州区牌楼街道）

樟树炭疽病（摄于万州区陈家坝街道）

小叶榕炭疽病（摄于万州区双河口街道）

杏疔病（摄于万州区孙家镇）

马尾松赤枯病（摄于万州区新田镇）

松针锈病（摄于万州区余家镇）

油桐叶斑病（摄于万州区铁峰山林场）

刺槐叶斑病（摄于万州区五桥街道）

槐树白粉病（摄于万州区武陵镇）

杉木炭疽病（摄于万州区李河镇）

紫薇白粉病（摄于万州区响水镇）

杉木叶枯病（摄于万州区熊家镇）

慈竹煤污病（摄于万州区新田镇）

侧柏叶枯病（摄于万州区余家镇）

松瘤锈病（摄于万州区龙驹镇）

枫香角斑病（摄于万州区分水林场）

茶炭疽病（摄于万州区太安镇）

板栗白粉病（摄于万州区长坪乡）

阔叶树毛毡病（摄于万州区铁峰乡）

阔叶树藻斑病（摄于万州区走马镇）

泡桐丛枝病（摄于万州区新田镇）

竹丛枝病（摄于万州区铁峰乡）

日本菟丝子（摄于万州区天城镇）

悬铃木方翅网蝽(摄于万州区百安坝街道)

刺槐叶瘿蚊(摄于万州区孙家镇)

松材线虫病(摄于万州区天城镇)

猕猴桃细菌性溃疡病(摄于万州区孙家镇)

葛藤(摄于万州区高峰镇)

小蓬草(摄于万州区弹子镇)

一年蓬(摄于万州区分水镇)

香丝草(摄于万州区小周镇)

藿香蓟(摄于万州区走马镇)

钻叶紫菀(摄于万州区铁峰乡)

牛膝菊(摄于万州区余家镇)

加拿大一枝黄花(摄于万州区双河口街道)

银合欢(摄于万州区高梁镇)

落葵薯(摄于万州区钟鼓楼街道)

喀西茄(摄于万州区后山镇)

野胡萝卜(摄于万州区熊家镇)

垂序商陆（摄于万州区太龙镇）

喜旱莲子草（摄于万州区余家镇）

长芒苋（摄于万州区铁峰乡）

土荆芥（摄于万州区高粱镇）

粉绿狐尾藻（摄于万州区高粱镇）

凤眼莲（摄于万州区高粱镇）